高等教育建筑类专业系列教材

住宅室内设计原理及实例

主编　何公霖　胡斌斌

主审　李　奇

重庆大学出版社

内容提要

本书分为住宅室内设计概述、住宅室内设计内容、住宅主要功能空间设计、住宅设计风格与表现手法、住宅室内设计程序及要求等5章。第1章主要讲述室内设计含义、室内设计的要求、住宅建筑的类型、家庭人口构成、家庭行为模式分类、人体尺度与空间尺寸等基本概念;第2章主要讲述住宅套型平面优化方法、设计风格的选择、空间界面设计、材料选择、家具陈设配饰设计、空间环境系统、照明设计等内容;第3章分别讲述起居室、餐厅、卧室、厨房、卫生间、交通联系空间等不同功能空间的设计要点;第4章讲述住宅室内设计风格的选择原则和风格表现手法;第5章介绍住宅室内设计程序及要求。

本书可作为高等教育建筑类专业本科教材,也可供从事住宅室内设计、施工的有关技术人员学习参考。

图书在版编目(CIP)数据

住宅室内设计原理及实例/何公霖,胡斌斌主编
. -- 重庆:重庆大学出版社,2022.9
高等教育建筑类专业系列教材
ISBN 978-7-5689-3485-5

Ⅰ.住… Ⅱ.①何… ②胡… Ⅲ.①住宅—室内装
饰设计—高等学校—教材 Ⅳ.①TU241

中国版本图书馆 CIP 数据核字(2022)第 139519 号

高等教育建筑类专业系列教材
住宅室内设计原理及实例
ZHUZHAI SHINEI SHEJI YUANLI JI SHILI
主 编 何公霖 胡斌斌
主 审 李 奇
策划编辑:王 婷
责任编辑:张红梅 版式设计:王 婷
责任校对:谢 芳 责任印制:赵 晟
*
重庆大学出版社出版发行
出版人:饶帮华
社址:重庆市沙坪坝区大学城西路 21 号
邮编:401331
电话:(023)88617190 88617185(中小学)
传真:(023)88617186 88617166
网址:http://www.cqup.com.cn
邮箱:fxk@cqup.com.cn(营销中心)
全国新华书店经销
重庆华数印务有限公司印刷
*
开本:787mm×1092mm 1/16 印张:8.75 字数:220 千
2022 年 9 月第 1 版 2022 年 9 月第 1 次印刷
印数:1—3 000
ISBN 978-7-5689-3485-5 定价:39.00 元

前　言

　　《黄帝宅经·序》曰:"夫宅者,乃是阴阳之枢纽,人伦之轨模。非夫博物明贤,无能悟斯道也。……故宅者,人之本。人以宅为家。"由此足见住宅的重要性。住宅建筑是量大面广的民用建筑,住宅内部空间也是最为常见的建筑内部空间,"住宅室内设计"是室内设计、环境景观设计、艺术设计等专业的骨干课程之一。住宅室内设计旨在创造合理舒适的生活环境,以满足人们的使用和审美需求,其内容包含了建筑平面设计、空间规划、人体工程、室内装饰材料、灯光运用、色彩构成以及家具、陈设软装等各学科内容,综合性较强。在此背景下,编写一本从理论到实践全方位展示住宅室内设计方法与技巧的书,培养学生住宅室内设计能力,成为本书编者的初衷。

　　本书依据教育部最新教学标准编写,且编者执教室内设计、环境设计等课程多年,具有丰富的教学经验和丰富的设计及工程实践经验。本书以增强室内设计专业学生的设计技能和审美能力为目的,充分考虑学生的学习规律和知识接受能力,将设计理论与建筑装饰行业特点进行结合,便于学生掌握住宅室内设计的实用方法。本书具有如下特点:

　　第一,在编写思路上,以教学对象的认知水平和学习规律为出发点,结合行业需求和专业特色,针对住宅室内设计的各类问题进行理论阐述,形成比较完整的理论体系。本书还融入了近些年兴起的软装陈设设计、灯光照明设计、智能化建筑等内容,具有理论前沿性和全面性。

　　第二,在内容安排上,本书首先介绍住宅室内设计的含义及要求,然后阐述住宅室内设计的内容,并结合常规的人体工程学知识介绍套型平面优化的方法;接着梳理住宅室内设计的程序和要求,并结合不同室内设计风格阐释不同的表现手法;最后结合工程项目,详细讲解从背景调研,到方案设计,再到施工图绘制的整个过程。

第三,本书列举了大量实例进行授课,具有较强的实践性。

本书由重庆大学何公霖、重庆机电职业技术大学胡斌斌任主编,重庆大学李奇担任主审,具体编写分工如下:何公霖负责本书的整体结构设置,并编写第1—3章;胡斌斌编写第4—5章,并与重庆城市科技学院王早一起完成配套资源的制作。

本书在编写过程中,得到了相关专家学者的指导和支持,在此一并致谢。同时,本书部分图片来源于网络,编者对原作者致以谢意,并请原作者及时联系编者(邮箱:285910559@ qq. com)。由于编者水平有限,书中不足之处在所难免,真诚欢迎广大读者批评指正,以便进一步修订和完善。

编 者
2021 年 12 月

目　录

1

住宅室内设计概述

1.1　住宅室内设计的含义

　　住宅室内设计是住宅建筑的内部空间设计,它以满足人们的物质和精神生活为前提,运用技术和艺术的手段,对住宅空间功能进行规划、再造与界面处理,使得空间符合业主的使用目标与要求,并富有文化内涵和精神气质。简言之,住宅室内设计是以人为本的空间艺术设计,可以赋予空间使用价值和审美价值。

　　我国建筑大师戴念慈先生说过:"建筑设计的出发点和着眼点是内涵的建筑空间,把空间效果作为建筑艺术追求的目标,而界面、门窗是构成空间必要的从属部分。从属部分是构成空间的物质基础,并对内涵空间使用的观感起决定性作用,然而毕竟是从属部分。至于外形只是构成内涵空间的必然结果。"

　　美国建筑师和设计师沃伦·普拉特纳(Warren Platner)则认为室内设计"比设计包容这些内部空间的建筑物要困难得多",因为在室内设计中"你必须更多地同人去打交道,研究人们的心理因素,以及如何使他们感到舒适、兴奋。经验证明,这比同结构、建筑体系打交道要费心得多,也要求有更加专门的训练"。

　　美国室内设计师协会前任主席 G. 亚当(G. Adam)指出,"室内设计涉及的工作要比单纯的装饰广泛得多,他们关心的范围已扩展到生活的每一方面,例如:住宅、办公、旅馆、餐厅的设计,提高劳动生产率,无障碍设计,编制防火规范和节能指标,提高医院、图书馆、学校和其他公共设施的使用效率。总之一句话,给予各种处在室内环境中的人以舒适和安全"。

　　白俄罗斯建筑师 E. 巴诺玛列娃(E. Ponomaleva)认为,室内设计是设计"具有视觉限定的人工环境,以满足生理和精神上的要求,保障生活、生产活动的需求",室内设计也是"功能、空间形体、工程技术和艺术的相互依存和紧密结合"。

综上所述,住宅是人们温馨生活的港湾,室内设计的目的之一便是让人们生活得舒适。室内的空间布局、家具陈设、色彩搭配等都要体现出业主的个性特点,体现业主的品位和审美情趣。所以说住宅室内设计是一门具有鲜明个性化的艺术设计,每一个设计作品都是独一无二的。住宅相对于以前来说,已经超脱了最初简单的要求——住,它越来越多地融入了人文主义、人体工程学、文化气息、时代元素,更多地朝着"宜居"发展。

而当下,住宅建筑一般都是标准化的产品,因此如何满足业主各不相同的要求、如何在单一的建筑空间中营造出个性化的居住空间,是住宅设计的重要目标与内容。

1.2 住宅室内设计的要求

设计要遵循适用、美观、安全与经济的基本原则,住宅建筑更是与人们的日常生活息息相关,因此住宅室内设计必须满足功能性、艺术性、文化性、环境性、经济性、技术性、安全性、时尚性等方面的要求,创造美好舒适的居住环境。根据马斯洛需求层次理论,住宅室内设计就是要满足人们不同阶段、不同层次的各种需求(图1.1)。

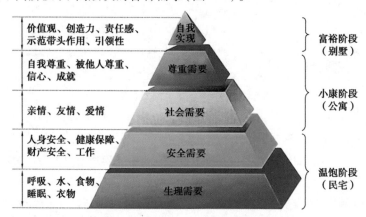

图1.1 马斯洛需求层次理论结构图

1.2.1 功能性

中国古代著名哲学家老子认为"凿户牖以为室,当其无,有室之用"。因此,住宅的功能性是其基本属性。住宅的基本功能是满足居住者休息、会客、睡眠、学习、家务等需求。要实现室内设计的功能性,就要根据建筑及室内的实际营造结构,结合业主的需求,对室内空间组织和平面布局进行合理设计,为业主提供符合使用要求的室内空间与各项设施,同时注意空间尺度、人体工程学、空间利用、空间可变性等要求,在满足使用要求的基础上,实现方便、合理与舒适。

尽管住宅设计和装修日益多样化、高档化和个性化,人们也越来越注重住宅的设计形式及格调,然而,功能依然决定着形式。如今,住宅的功能越来越细化和多样化,例如包含了休闲、工作、清洁、烹饪、储藏、会客和展示等，住宅成为集多种功能于一体的综合性空间系统，使得住宅内部各种功能设施越来越多，进而使住宅内部空间的形态和尺度等不断变化。

1.2.2　艺术性

艺术性满足人们审美的追求，设计艺术美的特点是唯美、唯一和创新。设计的核心是创造，设计过程也是艺术创作的过程，具有求新、求异、求变的特征。设计理念为风格的营造提供了依据，在不同设计理念的支撑下，能营造出不同风格的室内空间，也只有风格明确且设计新颖的作品才会在大浪淘沙中闪烁出与众不同的光芒。

将图案、色彩等艺术元素，按照统一与变化、韵律与节奏、比例与尺度、对称与均衡、复杂与简单等形式美法则，进行组织与设计，创造美观、愉悦的居住环境，满足人们的精神需求。

室内装修是建筑艺术的延伸，是对建筑空间进行再创作的过程，它通过对室内空间氛围和意境的营造来打造室内空间的典型风格，增强建筑艺术的感染力，从而使建筑物的实用性和艺术性都得到提升。

1.2.3　文化性

《黄帝宅经·序》曰："夫宅者，乃是阴阳之枢纽，人伦之轨模。"住宅之中，蕴含着深厚的文化基因。不同国家、不同地域、不同民族，形成了丰富多彩的民居类型和民居风格，沉淀了多样的文化传统与文化差异，比如四合院建筑体现的宗法礼制思想、古典欧洲建筑的理性与柱式等。建筑文化差异最终凝聚成文化符号，形成与民族、地域等相关的各种不同风格，满足人们的心理需求。

住宅室内设计的文化性主要表现在符合业主生活习性和价值取向（精神追求）等方面，它会因业主的文化修养、职业、社会地位、趣味和志向的不同而迥异。

住宅室内设计的心理需求可以归纳为以下几方面：

（1）安全感与心理健康

人类生存的第一需要就是安全。现代意义上的安全感应包括生理健康和心理健康，能使居住者时时、处处感到安全可靠、舒坦自由。人们在生活中遇到与行为经验（安全可靠性）相悖或反常的状况时，就会形成心理压力，分散注意力，降低工作效率，增加疲劳感和危险感。居住环境对居住者的心理健康影响极大，消极的环境要素使人产生消沉、颓废的不良心理，而积极的环境要素则可使人产生乐观、向上的健康心理。这对少年、儿童的成长尤为重要。

（2）私密性与开放性

家具有不可侵犯的私密性特征。而卧室、卫生间、浴室更是居住者个人的私密空间。开放性和私密性互相矛盾，人对居住空间环境既有私密性要求又有开放性要求。过去的四合院为若干人家共同使用时，邻里交往方便，而住户的私密性较差。现在的单元式住宅私密性较好，但缺少一定的开放性，邻里交往较差。

（3）意境与趣味

人们的生活情趣多种多样，具有按各自兴趣爱好美化家庭环境的心理愿望。居住空间环境的意境和趣味是人的生活中不可或缺的因素。随着人们文化素质的提高，居住者对居住空间环境的意境和趣味的追求越来越强烈。设计应为居住者的创造留有较多的余地。

1.2.4　环境性

居住空间的环境设计包括对照度、温度、湿度、空气流动(通风)、噪声和有害物质等的控制。物理环境直接影响居住的舒适度与居住者的身体健康。住宅室内设计中,装饰装修材料、装修构造措施、设施设备等的选择都应注重环保生态要求,并注意节能、节材、方便耐用等,以便创造良好的物理环境,符合可持续发展的要求。

1.2.5　经济性

经济性对住宅室内设计有极大的影响。造价标准决定了装修材料的选择、装修风格的确定、软装陈设的做法、室内空间的利用等多个方面。经济性还要从住宅使用的全过程来比较分析,包括建造、维护和使用成本等。

1.2.6　技术性

建筑装饰的新材料、新技术、新工艺层出不穷、日新月异,对设计从业人员提出了较高要求。设计师要不断和市场接轨,了解、熟悉新材料、新技术、新工艺。在室内设计中,除了重视设计理念的创新,同时也要重视新材料、新工艺的学习与应用。设计是一种理念运用,材料是一种物质条件,工艺是一种技术手段,它们三者之间关系紧密、相辅相成,共同造就典型的室内设计风格。

进入信息时代,住宅智能化对住宅室内设计提出了更高的技术要求。各种家用自动化设备、电器设备、计算机及网络系统与建筑技术和艺术有机结合,使居住更安全、环境更健康、经济更合理、生活更便利。

设计中,还必须考虑技术上的可实施性,包括现场条件、配套加工能力、外部协作能力等等。合理的技术手段,包括使用正确的做法、合理应用材料、各工种之间顺利配合等,减少工种交叉破坏,是达到预期设计效果的有力保障。

1.2.7　安全性

住宅室内设计中,考虑防火、防震、防盗,以及防滑、防坠、保护隐私、结构安全和使用安全(如防燃气事故和用电事故)等内容时,要严格遵守国家和行业相关规范和标准规定的设计参数,创造安全的居住环境。

住宅室内设计中,严禁破坏原建筑的承重结构,包括重要的墙体、梁、楼板(含屋面板)和柱子,设计如果增加了建筑荷载,必须通过严格的结构计算,确保增加后的荷载在原建筑的承载范围内。

1.2.8　时尚性

作为一种空间艺术,住宅室内设计艺术和服装艺术、工艺美术、平面艺术等所有的视觉艺术形式一样,需要追随甚至引导流行趋势,紧跟时尚步伐。从工业社会步入信息社会,随着科技的进步,社会变化与更新的速度越来越快,新理念、新思潮、新潮流、新审美趋势等不断冲击着室内设计,影响技术与工艺的进步、材料的推陈出新和设备设施的更新换代等,也影响业主对设计的评价标准。室内设计师需要创造出更新、更时尚的艺术效果与空间效果。

1.3　住宅建筑的类型

住宅建筑有不同的分类方法。住宅建筑根据高度或者地上层数,可以分为 1~3 层的低层住宅、4~6 层的多层住宅、7~9 层的中高层住宅和 10 层及以上的高层住宅,高层住宅又可以划分为一类高层(高度大于 54 m)和二类高层(高度大于 27 m,不大于 54 m);按产品类型分类,主要分为普通单元式住宅、小户型住宅(超小户型)、公寓式住宅、复式住宅、跃层式住宅、花园洋房式住宅、别墅等;按照平面的组合方式,住宅建筑还可以分为单元式住宅、通廊式住宅、塔式住宅、板式住宅等。有关设计规范和标准对不同类型住宅建筑的要求是不同的,设计时应加以区别。

1.3.1　单元式住宅

单元式住宅又称为梯间式住宅,是以一个楼梯为几户服务的标准划分的单元组合体,一般为多、高层住宅所采用。单元式住宅的基本特点有:

①每层以楼梯为中心,安排户数较少,一般为 2~4 户;进深较大的,每层可服务 5~8 户。住户由楼梯平台进入分户门,各户自成一体。

②户内生活设施完善,既减少了住户之间的相互干扰,又能适应多种气候条件。

③建筑面积较小,户型相对简单,可标准化生产,造价经济合理。

④仍保留一定的公共使用面积,如楼梯、走道、垃圾道,保持了一定的邻里交往,有助于改善人际关系。

1.3.2　跃层式住宅

跃层式住宅是指住宅占有上下两个或更多个楼面,卧室、起居室、客厅、卫生间、厨房及其他辅助空间可以分层布置,上下层之间不通过公共楼梯而通过户内独用小楼梯连接。

跃层式住宅的优点是:

①每户都有较大的采光面,采光较好。

②户内居住面积和辅助面积较大。

③布局紧凑,功能明确,相互干扰较小。

1.3.3　复式住宅

复式住宅一般是指每户住宅在较高的楼层中增建一个夹层,两层合计层高一般为 3.9~5.2 m,低于跃层式住宅,其下层供起居用,如炊事、进餐、洗浴等;上层供休息和贮藏用。

复式住宅的优点是:

①通过夹层复合,充分利用空间,平面利用系数高。

②户内隔层将隔断、家具、装饰融为一体,既是墙,又是楼板、床、柜,降低了综合造价。

③贮藏间较大。

1.3.4 花园式住宅

花园式住宅一般是带有花园(或草坪)和车库的低层住宅,建筑密度很低,内部居住功能完备,装修豪华并富有变化。住宅内水、电、暖供给一应俱全,户外道路、通信、购物、绿化也都有较高的标准。

花园式住宅根据组合拼联的方式又可分为左右联排式住宅、上下叠拼式住宅、独栋式住宅。左右联排式住宅一般由多个独户居住的单元拼联组成,各户在房前房后有专用的院子,供户外活动及家务操作之用。这类住宅的日照及通风条件都比较好。上下叠拼式住宅楼上楼下分户居住,一般底层住户有前后小院,楼上住户则设计较大的露台供户外活动使用。独栋式住宅是独立成套、不与其他住户相连接的住宅,建筑周围拥有独立的私密性较好的花园绿地。花园式住宅居住质量相对较高,建筑物的 4 个方向均可开窗采光,户内各个房间拥有良好的采光,户内还能实现自然通风,私密性较好。

1.4　家庭人口构成

家庭人口构成影响套型平面与空间组合形式,特别是房间的数量要求。家庭人口构成指住户家庭成员之间的关系网络,即代际、性别、姻亲等家庭关系的构成模式,可分为单身户、夫妻户、核心户、主干户、联合户及其他户。家庭成员较多时,形成的家庭结构复杂。我国从 20 世纪 70 年代开始实行独生子女政策,在城镇基本形成"四二一"型家庭结构,但随着二胎、三胎政策的到来,家庭结构也将会发生变化。

现代家庭的类型,可主要分为 3 种:核心家庭、主干家庭、联合家庭,如图 1.2 所示。

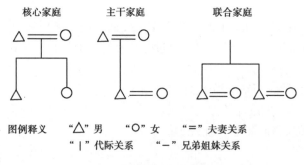

图 1.2　家庭类型分类示意图

家庭人口构成影响套型平面与空间组合形式。在设计中,需要考虑户内家庭人口构成状况,进行合理分室。家庭人口构成包括人口规模、性别构成、代际数、年龄构成等。家庭的不同人口构成以"户型"加以区别,而一户住宅空间的不同类型,则以"套型"加以区别。在套型设计中,既要根据使用功能分区的要求,又要考虑户内家庭人口构成状况,进行适当的平面、空间组合。

1.4.1 人口规模

人口规模指住户家庭人口的数量。住户人口数量不同,对住宅套型的建筑面积和床位数布置需求不同。从世界各国情况看,家庭人口减少的小型化趋势是现代社会发展的必然。我国因为受计划生育政策影响,20 世纪 80 年代初期户均人口为 4.5 人,2000 年全国农村户均人口规模减少到 3.65 人,城镇户均人口规模减少到 3.1 人,而待到 2020 年第七次全国人口普查,户均人口减少到 2.62 人,家庭人口规模持续缩小——主要是受我国人口流动日趋频繁、住房条件改善、年轻人婚后独立居住等因素影响。

1.4.2 代际数

代际数指住户家庭常住人口的代际数,如一代户、二代户乃至三代及以上户。

随着社会经济发展和居住水平提高,代际数呈现出减少趋势。代际构成由过去以三代家庭为主转变为现在二代户占绝大多数。传统家庭的"四世同堂"逐渐消失。近几次人口普查资料显示,一代户占 12.3%,二代户占 70.2%,三代户占 17.5%。

人们由于年龄、生活经历、受教育程度等不同,对生活居住空间的需求迥异,这些需求中既有私密性的要求又有代际之间互相关照的需求。因此在住宅套型设计中,既要使各自的空间相对独立,又要使其相互联系、互相关照。

1.5 家庭行为模式

家庭行为模式除了社会文化模式所赋予的共性外,还具有明显的个性特征。它涉及家庭主要成员的职业经历、受教育程度、文化修养、社会交往范围、收入水平以及年龄、性格、生活习惯、兴趣爱好等诸多方面。家庭行为模式多元,按其主要特征可归纳分类为:家务型、休养型、交际型、家庭职业型、文化型。

1.5.1 家务型

家务型以家务为家庭生活行为的主要特征,如炊事、洗衣、育儿等。在套型设计中,需有方便的家务活动空间,如厨房宜大,并设服务阳台等。

1.5.2 休养型

休养型主要出现于老年人休养住宅、季节性休养住宅等。这类家庭既需要安静的休养环境,又需要方便的交通环境。在套型设计中,居室需与卫生间联系方便,并应设置方便的室内外交往空间。

1.5.3 交际型

这类家庭社交活动多,其生活行为特征是待客交友、品茶闲聊、打牌下棋、家庭舞会等,对套型的要求是有较大的起居活动空间,并需考虑客人使用卫生间的问题。交际型家庭的起居厅宜接近入口,并避免干扰其他家庭成员的交通流线。

1.5.4 家庭职业型

随着社会的发展变化、互联网技术的发展,特别是近年来疫情的影响,家庭职业型家庭成为一种重要类型。因此在这类家庭套型设计中需设置专门的能满足在家中进行工作的工作间。

1.5.5 文化型

从事科技、文教等职业的人员,在家中伏案工作时间多,弹性工作制的出现和通信技术的发展,使得这部分家庭的主要成员在家工作学习进修的时间越来越长,在套型设计中需考虑设置专用的工作学习室。

家庭生活行为模式是由社会文化模式所赋予的共性和家庭生活方式的个性所决定的。随着社会的发展,这种共性和个性都在发展变化之中,而套型空间作为有形之物,具有不变性。如何在不变的套型空间中增加灵活可变性和适应性,是套型设计中值得思索的问题。

1.6 人体基本尺度与活动空间尺寸

住宅室内空间设计与人体基本尺度息息相关。室内活动范围的尺度大小、家具的尺寸及摆放方式,都受人体基本尺寸及行为方式影响。

1.6.1 人体基本尺寸

我国成年男子及女子的平均身高及各部分尺寸如图1.3、图1.4所示。根据1989年我国发布的成年人人体尺寸系列国家标准,我国成年男子的平均身高为1 670 mm,成年女子的平均身高为1 570 mm。该数据成为建筑、服装、家具、汽车等诸多行业技术标准的基础标准。

2009年,根据中国标准化研究院采集的3 000份中国成年人三维人体尺寸,成年人,尤其是35岁以上男子身高增加了2 cm,腰围增加5 cm。

1.6.2 人体活动所需的空间尺寸

建筑和室内设计必须考虑人体活动时的尺寸,比如单股人流尺寸、伸手摸高尺寸、单人座位宽度等。大多数时候,设计主要参考平均尺寸,但涉及安全问题时,要根据最不利情况,取最大尺寸或最小尺寸。人体活动尺寸如图1.5、图1.6所示。

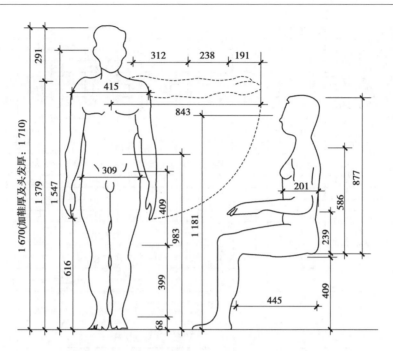

图 1.3　我国成年男子的平均身高及各部分尺寸

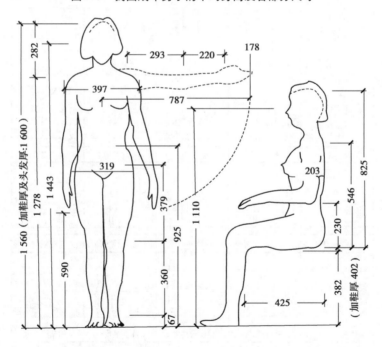

图 1.4　我国成年女子的平均身高及各部分尺寸

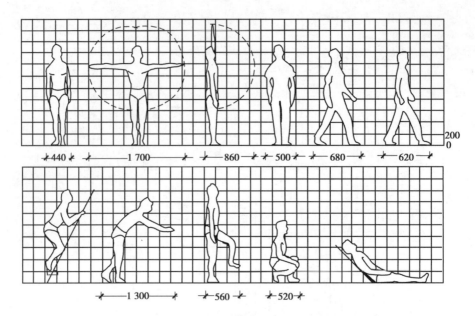

图 1.5　人体活动尺寸(一)

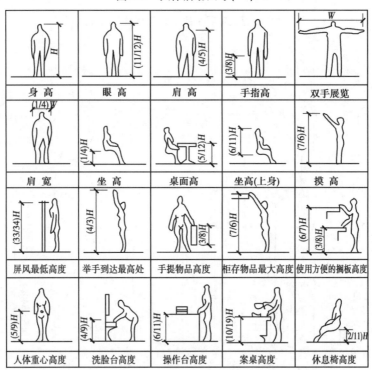

图 1.6　人体活动尺寸(二)

1.7　住宅室内设计的方法

住宅室内设计的方法来源于实践过程,接下来将以设计过程为主线,阐释基本的室内设计方法。

1.7.1　脑力激荡法

脑力激荡法主要针对设计初期,便于设计内容的确定,一般适用于有特殊要求的设计任务。运用此方法时需注意归纳和总结,将设计团队每一个成员的设计想法都要记录下来,互相激励思维,从而创造出新的设计意境。此方法的好处是集思广益、取精弃粕。

1.7.2　提案法

提案法主要应用于设计新形式的室内空间。不同于脑力激荡法的是,此方法需要开发设计者的想象力、器物的象征文化,并进行各领域对比,从而在使用者、环境、领域等方面获得有效的关键词,描绘出基本设计方案。

1.7.3　反向法

运用各维度的方法,比如颠倒、表里、阴阳、调换位置等,改变传统解决问题的方式,寻求新方法和新途径来完成空间改造和设计。

1.7.4　重组法

此方法与反向法有些类似,不过重组法是找寻几个实际例子,将其中的不同空间或者元素抽离出来,重新组合,在满足使用功能和艺术需求的基础上,获取新的设计方案。

1.7.5　借鉴法

简言之,借鉴法就是模仿其他优秀设计案例,然后结合实际要求进行设计。

1.7.6　问题法

将设计方案罗列出来,让设计者们从中找出设计的缺陷和问题,然后有针对性地解决,从而完善设计构思和方案。

总之,一个好的设计方案总是需要经过多次调整和修改,才能达到要求,才能正确、完整、合理地设计出令人满意的方案。

住宅室内设计内容

住宅室内设计的内容包括套型空间组合与优化、风格定位、界面设计、材料选择、家具陈设配饰设计、室内空间环境设计、室内照明设计等各项内容。

2.1 套型空间组合与优化

套型空间组合就是户内不同功能的空间按照一定的原则、通过一定的方式有机地组合在一起。现代住宅建筑往往以标准户型、标准单元的方式批量建设完成,套型变化不可能很多,不可能满足业主千差万别的个性需求。因此住宅套型空间,需根据业主的家庭人口构成、功能要求、审美标准、经济条件等,进行一定程度的空间组合、调整及优化,以满足业主个性化空间及功能要求,创造舒适、安全、美观、卫生,并留有发展余地的居住空间。

2.1.1 套内功能空间组成

住宅的套内功能需求包括会客、家人团聚、娱乐、休息、就餐、炊事、学习、睡眠、洗浴、便溺、晾晒、贮藏,等等。为了满足这些需求,就必须有相应的功能空间。这些空间应有它们特定的位置与相应的尺度,而且能有机地组合在一起,共同发挥作用。

住宅套内空间一般包括门厅、客厅、起居室、各种卧室(主卧室、次卧室、老人卧室、儿童卧室、客人卧室)、书房、工作室、茶室、棋牌室、影音室、储藏室、洗衣间、卫生间、餐厅、厨房、车库等,以及将这些空间联系起来的走道、楼梯间等。此外,还可包括室外空间,如阳台、露台、花园等(图2.1)。

根据面积标准及主要功能空间的数量,典型的住宅套型有一室一厅、两室一厅、三室两厅等。通常来讲,面积越大,房间数量就越多,会形成多室多厅的套型,有些别墅的套型甚至可以超过五室三厅(图2.2—图2.4)。

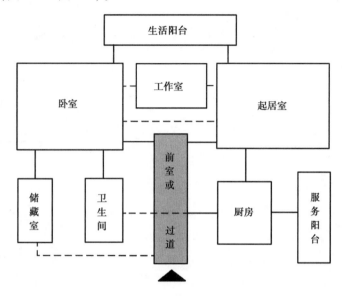

图2.1　室内空间各部分的功能关系

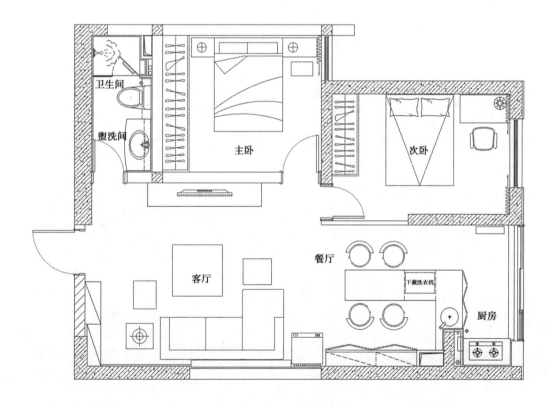

图2.2　套型平面1:两室两厅

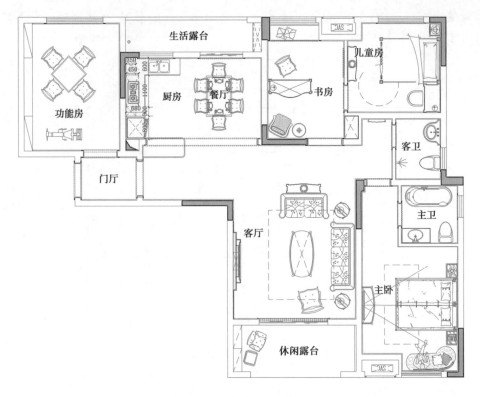

图 2.3 套型平面 2:四室两厅

负一层平面图

一层平面图

二层平面图

图2.4　套型平面3：多室多厅的别墅

由于各种原因，有时同一空间要求具备两种或更多功能，例如：起居和就餐、就餐和炊事，以及工作、学习和睡眠等。

住宅套内功能空间的数量、组合方式往往与使用者的家庭人口构成、生活习惯、经济条件以及地域、气候条件等密切相关。

2.1.2　合理分室

分室是将不同功能的空间分别独立，避免空间功能重叠，相互干扰。合理分室反映了住宅套型的不同规模，也反映了住宅的居住标准和居住的文明程度。

功能空间的专用程度越高，其使用质量也越高。功能空间的逐步分离过程，也就是功能质量不断提高的过程。合理分室包括生理分室和功能分室两个方面。

1）生理分室

生理分室也称就寝分室。它与家庭成员的性别、年龄、人数、辈分、是否是夫妻关系等因素有关。孩子到一定年龄(6～8岁)应与父母分室,不同性别的孩子到一定年龄(12～15岁)也应分室,即使同性别的孩子到一定年龄(15～18岁)也应分室,而这些年龄界限的确定与社会经济发展、住宅的标准以及文明程度有关。

2）功能分室

把不同的功能空间分离开来,以避免相互干扰,从而提高使用质量。功能分室包含食寝分离;起居、用餐与睡眠分离;工作、学习分离3个方面。食寝分离就是把用餐功能从卧室中分离出来,可以在厨房中安排就餐空间,或者在小方厅内用餐。起居、用餐与睡眠分离,就是将家庭公共活动从卧室中分离出来,有单独的起居室和餐厅,或者起居、餐厅合一。工作、学习分离就是将工作、学习空间独立出来,设置工作室或书房,以便为工作、学习创造更为安静的条件。

2.1.3 合理分区

1）内外分区

内外分区是按照空间使用功能的私密程度来划分的,也称为公私分区。住宅内的私密性不仅要求在视线、声音等方面有所分隔,同时在住宅内部空间的组织上也能满足居住者的心理要求,设计应根据私密性要求对空间进行分层次的序列布置,把最私密的空间安排在最后(图2.5)。

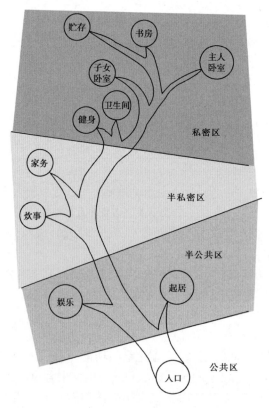

图2.5 住宅空间私密性序列

卧室、书房、卫生间等为私密区,它们不但对外有私密要求,其本身各部分之间也需要有适当的私密性。半私密区是指家庭中的各种家务活动、儿童教育和家庭娱乐等区域,其对家庭成员间无私密要求,但对外人仍具有私密性。半公共区是由会客、宴请、与客人共同娱乐及客用卫生间等空间组成。这是家庭成员与客人在家里交往的场所,公共性较强,但对外人而言,仍带有私密性。公共区是指户门外的走道、平台、公共楼梯间等空间,这是完全开放的外部公共空间。

2)动静分区

动静分区从时间上来说,也称昼夜分区。一般来说,会客室、起居室、餐室、厨房和家务室是住宅中的动区,使用时间主要是白昼和夜晚部分时段。卧室是静区,主要在夜晚使用。工作和学习空间也属静区,但使用时间则根据职业不同而异。此外,父母和孩子的活动分区,从某种意义上来讲,也可算作动静分区,在高标准的住宅中也尽可能将它们布置在不同的区域内。

3)洁污分区

洁污分区主要体现为有烟气、污水及垃圾污染的区域和清洁卫生区域的分区。由于厨房、卫生间要用水,有污染气体散发和有垃圾产生,相对来说比较脏,且管网较多,集中处理较为经济合理,因此可以将厨房、卫生间集中布置。但由于功能上的差异,它们有时布置在不同的功能分区内。当集中布置时,厨房、卫生间之间还应作洁污分隔。

4)干湿分区

干湿分区是指将用水区域与非用水区域进行分离,特别是用水区域应注意相对集中,便于管道的集中设置。用水区域地面装修完成后应低于住宅内其他地面,以防污水、雨水倒灌。卫生间的盥洗、便溺、淋浴也可以相对进行干湿分区,将淋浴视为湿区,盥洗、便溺视为干区,设计时适当分隔,便于使用且美观。

2.1.4 套型平面优化

套型平面优化是在合理分室、合理分区的基础上,根据业主的家庭人口构成、职业特点、设计风格、空间序列、功能布局、人流动向以及结构体系等,对建筑平面空间分隔方式和平面布置予以完善、调整或再创造。进一步调整空间的尺度和比例,解决空间与空间之间的整体与局部、衔接与分隔、对比与统一等问题。满足住宅使用功能需求的同时,充分体现空间形象的形式美和意境美,使空间形态更加丰富多彩,满足精神需求。

现代社会中人们的生活需求是多种多样的,设计师要从分析生活行为入手,总结出居住空间内生活行为分类,认真对待细节。如果做到了这一点,即使在固定了平面形状的单元户型中,也可以创造出个性化的生活。室内设计师根据生活行为学,可以对原平面进行再创作。

就住宅空间而言,生活行为包括生理需求层面与精神需求层面。首先,要抓住生活行为的基本要素以及要素之间的相互关系。其次,研究人们所具有的个性,有针对性地设计与其对应的空间。因此,优秀的住宅空间设计应充分联系生活实际与相应空间的关系,并将两者有机地联系起来。也就是说,既是设计住宅空间,更是设计生活方式。

隈研吾在《十宅论》里轻松诙谐地将住宅分为10种不同人群的虚拟场所。虽说这是一种假设,但是住宅样式的差异确实能够体现住宅主人价值观上的差异。

　　室内空间序列是指设计者依据人的行为特点,安排空间的先后顺序。室内空间序列要考虑各个空间的顺序、流线及方向等因素,每个因素的组合都必须根据室内空间中实用功能和审美功能的要求精心设计。

　　户型优化设计的原则如下:

　　①根据家庭人口构成与家庭行为模式,合理设置使用空间。

　　家庭人口数量、性别构成、代际构成等家庭人口构成要素,是进行生理分室与功能分室,确定卧室数量与类型的重要因素,也对其他使用空间,如餐厅、卫生间等的大小、类型有影响。

　　设计案例如图2.6—图2.8所示。

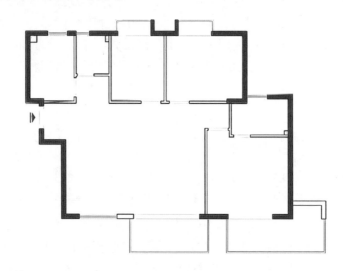

图2.6　原始平面图

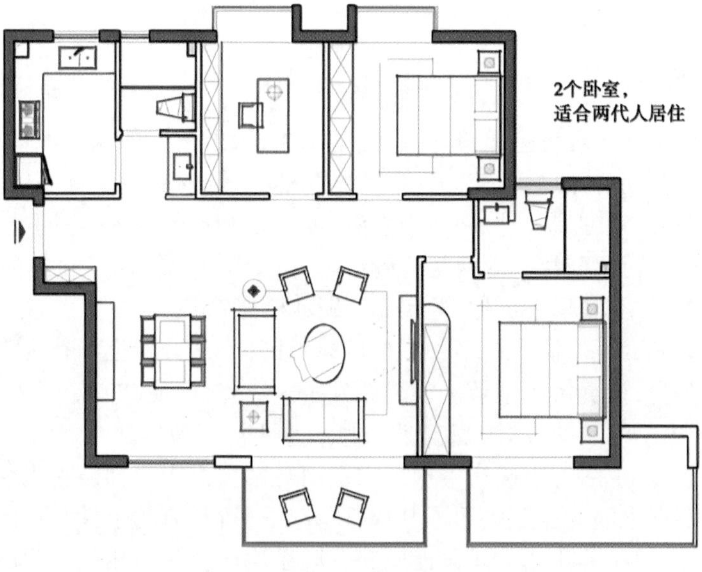

2个卧室,
适合两代人居住

图2.7　设计方案

图2.8 优化方案

②根据家庭行为模式,合理设置使用空间。

不同的家庭行为模式,对住宅空间的需求有着很大的区别。家务型家庭注重厨房、洗衣、清洁等家务活动的方便性,对储藏空间要求较高。交际型家庭注重客厅、餐厅等公共空间的开放性,面积要大,往往需要设置酒吧、茶室、棋牌室等娱乐、交往、接待空间。职业型家庭和文化型家庭往往需要相对独立的工作室或者书房等。

设计案例如图2.9—图2.11所示。

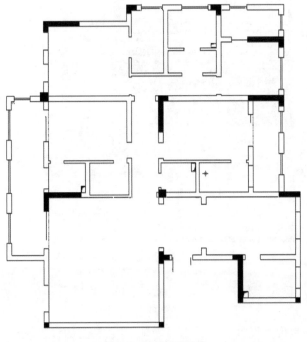

图2.9 原始平面图

家务型家庭模式,家庭人口多、代际多,注重睡眠空间、家务空间与储藏空间

图 2.10　优化方案 1

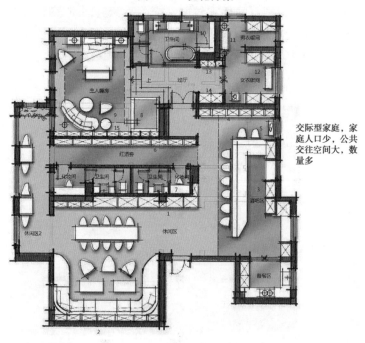

交际型家庭,家庭人口少,公共交往空间大,数量多

图 2.11　优化方案 2

③根据风格定位,确定空间序列,从空间尺度和心理感受等方面分析空间舒适度和美观度。

空间序列与空间尺度是设计风格的重要表现手段,特定的设计风格有着特定的空间序列处理方式和空间尺度与比例关系,比如传统的中式宫廷风格和欧式古典风格讲究轴线对称关系,并严格遵守由外向内、由公共空间向私密空间过渡的序列关系,空间常常方正规整。而现代风格则创造流动通透的空间,空间形式不规则、灵活多变。

　　每一个空间序列,都有从空间的开始,到空间的发展、空间的高潮,最后结束的发展全过程,根据其发展节奏,确定重点处理的空间位置、重点处理的手法等。空间序列处理的手法很多,欲扬先抑、曲折通幽、柳暗花明是常用的传统空间处理手法。

　　空间尺度包括空间的长、宽、高的真实尺寸以及它们之间的比例关系。通常认为空间的宽高比是影响空间尺度感的重要因素。宽高比在2:1和1:1之间,是适宜的空间尺度,能使人产生愉悦舒适的心理感受,宽高比过大或者过低,比如在4:1以上或者1:4以下,则会产生压迫感和紧张感。

　　设计案例如图2.12—图2.13所示(原始平面图如图2.9所示)。

欧式古典风格的平面布置与空间序列,空间序列严谨,层次进递明确,轴线清晰

图2.12　优化方案1

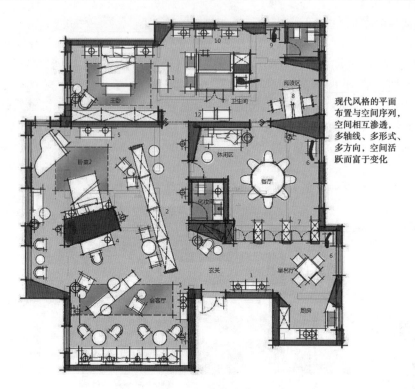

图 2.13 优化方案 2

④考虑空间可变,争取更多的空间灵活性和使用可能性,能够适应家庭人口构成一定时间内的变化或者生活方式的变化。

设计案例如图 2.14—图 2.17 所示。

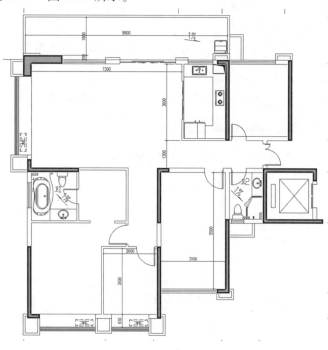

图 2.14 原始平面图

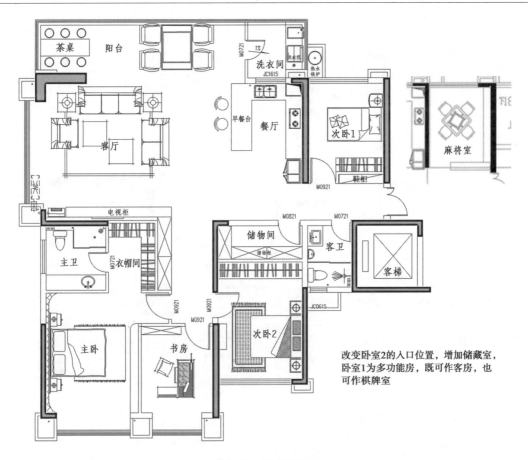

改变卧室2的入口位置，增加储藏室，卧室1为多功能房，既可作客房，也可作棋牌室

图 2.15 优化平面图

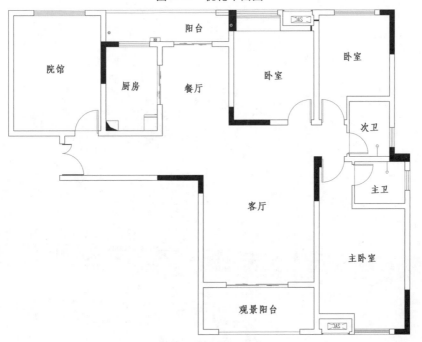

图 2.16 原始平面图

将院馆改造为多功能房间，设置开放式厨房，改善餐厅和厨房的空间关系，改变小孩房入口位置，提升主卧室入口处的空间效果

图 2.17　优化平面图

⑤提高空间使用率，减少空间浪费(图 2.18、图 2.19)。

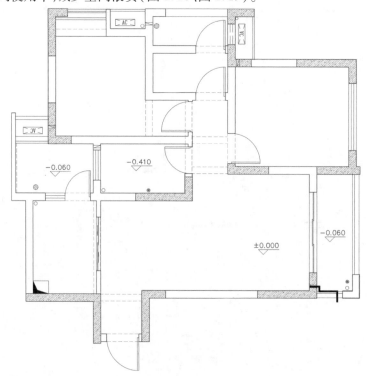

图 2.18　原始平面图

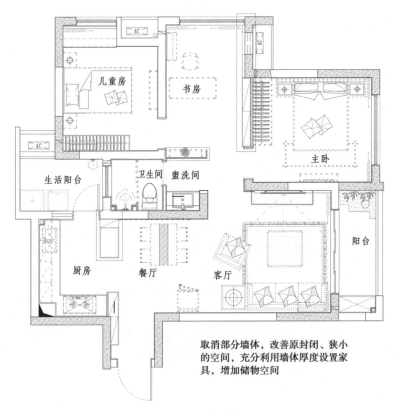

取消部分墙体，改善原封闭、狭小的空间，充分利用墙体厚度设置家具，增加储物空间

图2.19 优化平面图

2.2 室内设计风格的选择

风格反映文化艺术特征,风格的选择倾向代表业主的审美情趣与文化素养。设计时需要和业主反复沟通,分析业主喜欢的风格特征、色彩倾向等,为业主选择合适的风格。风格选择还应综合考虑室内空间尺度、平面功能组合、建筑外立面设计风格等因素。一旦确定了设计风格,在后续界面设计、确定材料、软装陈设设计中都要遵循统一、协调原则,将风格贯穿到底。

2.3 室内空间界面设计

室内空间界面设计是对室内空间的各个围合面(地面、墙面、隔断、平顶等)的使用功能和特点进行分析,然后对界面的形状、图形线脚、肌理构成进行设计,同时对界面和结构构件的连接构造、界面和通风、空调、水、电等管线设施,如风口、灯具的协调配合等进行统筹设计。室内空间界面设计,既有功能和技术方面的要求,也有造型和美观上的要求,是确定室内环境基本形体和线形的设计内容。由材料实体构成的界面,在设计时需重点考虑线形、色彩、材质和构造4个方面,只有将这几个方面同室内空间形式有机地结合起来,才能形成一个整体的、综合的空间环境效果。

2.3.1 室内空间界面设计的原则

（1）风格统一

室内空间的各个界面处理必须统一在同种风格下。设计师必须准确把握各种风格的表现手段、图案与色彩关系,从而整体控制最终效果。

室内空间界面设计也会影响空间的尺度与使用者的心理感受,设计风格所需的物质功能和精神功能,空间的客观环境因素和使用者主观的身心感受是界面设计需重点考虑的因素。

（2）突出重点,分清主次,避免过度装饰

每个空间界面的重要程度是不同的,应根据空间设计的序列关系、空间重要程度、视线关系,确定重点处理的界面。装饰重点不能太多,避免过度装饰,以免显得杂乱无章;还要处理好空间界面与室内家具陈设的关系,处理好背景与主体的关系。当室内空间界面作为室内环境的背景,对室内空间家具和陈设起烘托、陪衬作用时,应坚持以简洁、明快、淡雅为主。对于需要营造特殊气氛的空间,如客厅、影视厅等,需要对室内空间界面作重点装饰处理,以加强效果。

有些时候,界面处理不一定要做"加法"。从建筑物的使用性质、功能特点等方面考虑,一些建筑物的结构构件也可以不加装饰,作为界面处理的手法之一,这正是单纯的装饰和室内设计在设计思路上的不同之处。

（3）与空间的功能性格一致

不同使用功能的空间,具有不同的空间性格和不同的环境氛围要求(图2.20)。在室内空间界面装饰设计中,图案与色彩关系应符合该空间的性格和环境氛围,进行合理的设计。如居室要求富于生活情趣以及亲切、安静的室内空间环境;而宾馆则要富丽豪华、色彩丰富、空间尺度较大而富有变化,既要符合旅客休息、活动的要求,又要满足旅客的交往要求。

图2.20　不同的空间有不同的功能和装饰要求

（4）功能性要求

各类界面的功能性要求包括耐久性及使用期限、耐燃及防火性能、无毒性、无放射性、易于制作安装和施工、隔热保暖、隔声吸声性能、相应的经济要求等。

楼地面还应耐磨、防滑、易清洁、防静电;墙面、隔断还应当符合遮景借景等视觉效果,同时满足隔声、吸声、保暖、隔热的要求;顶面、顶棚还应满足质轻、隔声、吸声、保暖、隔热和光反射效果等要求。

2.3.2　界面设计的要素

形状、图案、色彩、肌理等是界面设计的要素,也是设计风格表达的重要手段和语言。

1)界面的形状

界面可以是平直的、折线的、弧形的、拱形的以及完全不规则的等多种形式。设计时,需根据空间条件、设计风格、空间功能等因素,确定合适的形式。比如以结构构件、承重墙柱等为依托,以结构体系构成轮廓;也可以根据室内使用功能对空间形状的需要,脱开结构层另行考虑,例如客厅等重要空间的天棚,往往做成叠级顶、拱形顶甚至穹形顶。

2)界面图案

界面图案(图2.21)设计是指将界面中所包含的点、线、面元素,根据风格要求、功能要求、空间特点,用形式美法则,进行图案的组织与设计,界面图案设计是立面设计的主要内容,包括线条、块面、材质、肌理等。能够形成线条的造型要素包括踢脚、挂镜线、门套线、阴角线、家具的边框等;块面要素包括墙面、门、家具等。

图 2.21　界面图案

界面图案必须符合室内环境整体的气氛要求,起到烘托、加强室内精神功能的作用。根据不同的场合,界面图案可以是具象的或抽象的、有彩的或无彩的、有主题的或无主题的,可以是绘制的、与界面同质材料的,也可以是用不同材料制作的。界面图案设计还需要考虑与室内织物(如窗帘、地毯、床罩等)的协调。

界面的边缘造型、交接、与不同材料的连接处理,即所谓"收头",是室内设计的难点之一。界面的边缘转角通常以不同断面造型的线脚加以处理,如墙面木墙裙下的踢脚和上部的压条等的线脚,光洁材料和新型材料大多不作传统材料的线脚处理,但也有界面之间的过渡和材料的"收头"问题。

3)界面色彩

界面色彩(图2.22、图2.23)是室内设计中最生动、最活跃的因素,也是人们在房间中最直接的视觉感受。色彩极具表现力,它通过人们的视觉感受产生的生理、心理和类似物理的效应可以形成丰富的联想、深刻的寓意和象征,给人们留下室内环境的第一印象。

图 2.22　界面色彩 1

图 2.23　界面色彩 2

色和光不能分离。除色、光外,色彩还依附于材质、家具、室内织物、绿化等。

界面的色彩设计需根据色彩的个性,具体问题具体分析,确定室内主色调,选择适当的色彩配置。如选择暖色或冷色,是明度高还是明度低,是对比色还是协调色等,都会使室内装饰呈现出不同的效果。

首先要服从设计风格的表达,不同设计风格往往有其常用的主色调与色彩搭配体系。如古典的欧式风格常用米色与红色、金色搭配,传统江南民居的灰瓦白墙和栗色木柱对中式风格的色彩体系有很大的影响。

其次要充分考虑空间的使用性质,停留时间长短等因素,室内地面、墙面、天棚的色彩一般是不同的。比如睡眠空间一般色彩饱和度比较低,营造安静温馨的氛围;公共活动空间可以比较跳跃、比较个性化。

最后要注意装饰材料质感和表面肌理对色彩带来的影响。如光滑的表面色彩比较亮,反光比较强;粗糙的表面色彩比较暗,反光比较弱,吸光性较强。

4)界面肌理

界面肌理(图 2.24)是通过界面材料自身或者材料的再次加工与组合呈现出的花纹、图案和质地。肌理根据其形成方式可分为天然肌理、加工肌理、人工肌理和综合肌理;根据其形成过程可分为一次性肌理和二次性肌理;根据人的感官感受分为视觉肌理和触觉肌理。另外,肌理还可分为粗、中、细 3 种类型。

图 2.24　界面肌理

　　不同的肌理,会给人带来不同的心理感受。如大理石肌理表现华贵、高雅的意境,布纹肌理传达亲切、柔和、质朴的意境,等等。同时,不同的肌理,因造成反射光的空间分布不同,会产生不同的光泽度和物体表面感知性。比如,细腻光亮的质面,反射光的能力强,会给人轻快、活泼、冰冷的感觉;平滑无光的质面,由于光反射量少,会给人含蓄、安静、质朴的感觉;粗糙有光的质面,由于反射光点多,会给人笨重、杂乱、沉重的感觉;而粗糙无光的质面,则会使人感到生动、稳重和悠远。不同肌理的对比、调和可以产生不同的气氛效果,因此肌理是一种含义异常丰富的形式语言。例如,以松木条板为模板现浇而成的混凝土天棚及墙面,综合了木材与混凝土肌理,在光滑的白色水磨石地板对比下,形成温馨、安静、含蓄的空间氛围。

2.3.3　空间界面设计的处理手法

　　人们对室内环境气氛的感受,通常是综合的、整体的,既有空间形状,也有作为实体的界面。在界面的具体设计中,根据室内环境气氛的要求和材料、设备、施工工艺等现实条件,也可以在界面处理时重点运用某一手法。例如:显露结构体系与构件构成,如图 2.25 所示;突出界面材料的质地与纹理,如图 2.26 所示;界面凹凸变化造型特点与光影效果;界面上的图案设计与重点装饰,如图 2.27 所示;强调界面色彩或色彩构成,如图 2.28 所示。

图2.25　显露结构体系　　　　　　　图2.26　突出界面肌理

图2.27　界面图案构成

图2.28 突出界面凹凸变化造型特点

2.3.4 主要界面设计

1)地面设计

楼地面是室内空间的基面,视线上它与人的关系最近,视域比重仅次于墙面;地面与人具有直接的触感,形成坚硬与柔软、粗糙与平滑、温暖与冰冷等不同感觉,对人体的生理舒适感影响较大。地面设计首先考虑不同空间的功能需求,公共空间往往要求坚固、耐久、易清洁,卧室空间则需要脚感温暖、舒适,厨房、卫生间则要求耐腐蚀、防滑、防潮、防水、易清洁等。为防止水漫入其他房间,用水房间地面应比室内其他地面低20~30 mm。

此外,地面设计还要考虑与其他界面的整体一致性,以及相互之间的烘托作用。地面的图案和色彩作为家具的背景色,切忌花纹太过明显与杂乱。

随着科学技术的进步与经济水平的提高,出现了一些新型地面,如发热地面(俗称地暖)、发光地面等。

地面设计案例如图2.29—图2.31所示。

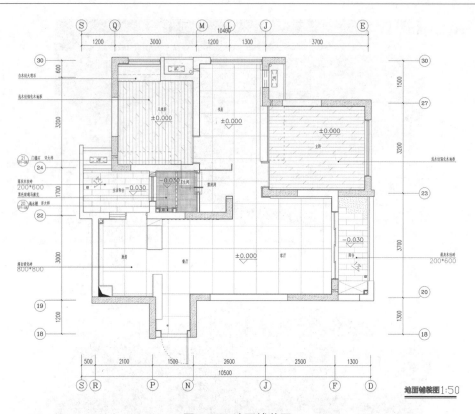

图 2.29　地面铺装图

图 2.30　拼花木地板营造出温馨氛围

图2.31　地面设计整体要与空间匹配

2)天棚设计

天棚是室内空间的另一个重要界面,起装饰(遮饰等)和隔绝(隔音等)作用。尽管它不像地面和墙面那样与人的关系非常直接,但它却是室内空间最富变化和引人注目的界面。特别是在高大空间中,顶棚的视域比值很高,所以在设计中应予以充分的重视。

顶棚装饰设计的要点如下:

①注意顶棚造型的轻快感。造型、色彩、明暗处理方面应考虑主次原则,力求简洁、完整、突出重点部位。

②满足构造和安全要求。设计应保证装饰部分构造处理的合理性和可靠性,以确保使用安全,避免意外事故的发生。

③满足设备布置的要求。室内设备包括通风空调系统、消防系统、强弱电缆系统、烟感器、自动喷淋器、扬声器等。

天棚设计案例如图2.32—图2.34所示。

图2.33中,天棚叠级造型与空调侧送风口相结合,深色天棚与深色墙面相结合,形成安静、深邃的氛围。而图2.34中,天棚设计暴露了原建筑结构,漫反射造型与楼板肋板实现了完美结合。

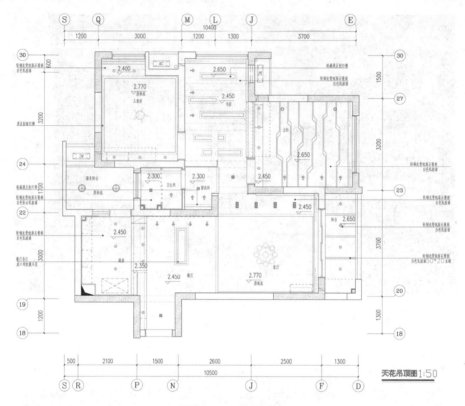

图 2.32　天棚平面图

图 2.33　天棚设计案例 1

图 2.34　天棚设计案例 2

3)墙面、隔断设计

墙面是室内外环境构成的重要部分,不管用"加法"或"减法"对它进行处理,都是陈设艺术及景观展现的背景和舞台。因此,墙面对控制空间序列、创造空间形象具有十分重要的作用。

墙面装饰设计的作用如下:

①保护墙体:墙体装饰能使墙体在室内湿度较高时不易受到破坏,从而延长使用寿命。

②装饰空间:墙面装饰能使空间美观、整洁、舒适,富有情趣,渲染气氛,增添文化气息。

③满足使用:墙面装饰具有隔热、保温和吸声作用,能满足人们的生理要求,保证人们在室内正常工作、学习、生活和休息。

坚固、规整而对称的墙面设计,能够表达出一种规范的美感;不规则的墙面设计则具有动感和活泼性,尤其是采用具有粗糙纹理的材料或将某种非规则的设计性格带到空间内时,表现得更为强烈。当墙面带有材质纹理并设计有活泼色彩时,就成了积极活跃的动点界面,成了展示空间个性的"屏幕",能够吸引住人们的注意力,成为视区的"主角"。

墙面设计案例如图 2.35、图 2.36 所示。

图 2.35　墙面与空间分割的设计效果

客餐厅A立面:

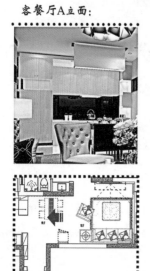

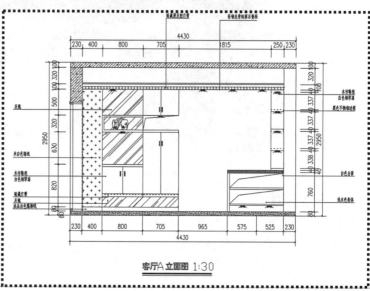

客餐厅B立面：

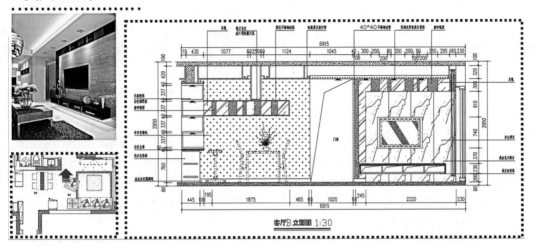

客餐厅D立面：

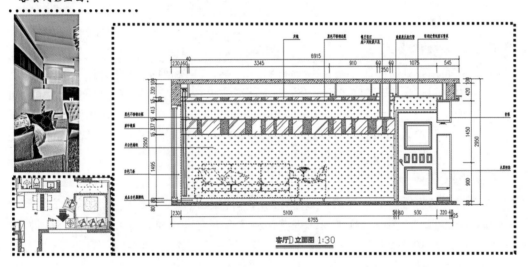

图 2.36 墙立面设计方案

2.4 室内装饰材料的选择

室内装饰材料是指围合或支撑室内地面、墙面、顶棚、门窗等界面的构造材料及饰面材料。装饰材料的发展日新月异,因此室内设计师要在熟悉各种传统装饰材料的基础上,了解各种新型材料的特点和用途,并将其应用于设计之中。

2.4.1 材料的选择原则

1)满足风格要求

室内界面图案与色彩最终都是由装饰材料形成的。材料则是装饰设计的基本语言,是承载设计思想的媒介,同时也是设计风格得以实现的物质基础。装饰材料丰富的质地、色泽、肌理以及工艺处理效果等,都具有独立的表情魅力和形式美感,构成了室内设计文化中最生动的一笔,实现设计风格所需要的各种视觉效果。室内空间造型和空间结构形态的表现也离不开材料。设计风格的表达与材料的应用相互影响、相互促进,材料的合理应用是设计风格得以实现的保证,而优秀设计所具有的创新性又能促进新材料的发掘和运用。

住宅室内装饰风格多种多样,各种风格往往有其常用到的材料体系。如古典欧式风格用石材比较多,传统中式风格则多用木材、清水砖墙等。

2)满足空间的氛围要求

对于不同功能的室内空间,需由相应类别的界面装饰材料来烘托室内的环境氛围,例如卧室需要营造安静、舒适的气氛,墙面、地面常用软质的、脚感舒适、蓄热性能好的材料;客厅、茶室等需要营造轻松、愉悦的气氛,更多使用硬质耐磨、图案丰富甚至是镜面材料。这些气氛的营造,与界面材料的色泽、质地、纹理等密切相关。

饰面材料的选用,应同时满足使用功能和人们身心感受这两方面的要求,给人以综合的视觉心理感受。例如坚硬、平整的花岗石地面,光滑、精巧的镜面饰面,轻柔、细软的室内纺织品,以及自然、亲切的木质面材,等等。

3)满足界面的功能要求

空间各界面在设计时除了要考虑装饰材料的色彩、规格和质感等表面装饰效果外,还要考虑改善室内空间的物理环境,如防水、防潮、防滑、防火、隔热、吸音、隔音等多种功能,同时还要起到保护建筑物主体结构、延长建筑物使用寿命的作用。界面材料的各种性能,应满足界面的相应功能要求。例如卫生间、厨房材料应具有较好的防滑、易清洁、耐污性能;踢脚部位应选用强度高、易清洁的装饰材料。

4)满足环保性能要求

装饰材料有害物质的污染关系到居住者的身体健康,在住宅装饰质量验收相关规范中有着明确和严格的要求。污染指标主要体现在材料含有的有害物质含量方面,包括放射性物质(以氡为主)、甲醛、氨、苯及苯系物质、TVOC(总挥发性有机物),甚至重金属等。这些有害物质的含量不应超过国家允许的标准。

5)满足经济性要求

材料的品种多样,品质与价格差别很大,对室内装饰的造价影响很大。随着成品、半成品材料品种的增加,材料的选用还要考虑到材料的规格、运输条件、加工能力等,进一步影响室内设计整体的实用性、经济性。设计师应熟悉材料质地、性能特点,了解材料的价格和施工操作工艺要求,善于和精于运用当今先进的物质技术手段,为实现设计构思创造坚实的基础。

当然也要巧于用材。界面装饰材料的选用,注意"精心设计、巧于用材,优材精用、一般材质新用"。装饰标准有高低,但即使是高标准的室内装饰,也不应只是高贵材料的堆砌。

6)满足防火和安全要求

材料的防火性能是装饰防火安全的重要内容。根据发生火灾的危险等级,建筑设计防火规范和室内设计防火规范对不同类型、不同部位的室内天棚、地面、墙面等界面材料的燃烧性能都有明确规定。选用材料时,必须满足规范的规定。选用装饰材料时,还要考虑到防坠落、防滑、防划伤等安全要求。

2.4.2　材料的特性

材料的特性包括表面特征、力学性能、理化性能等。材料的特性决定了材料的用途和使用场合。

1）表面特征

材料的表面特征包括材料的色彩、光泽度、透明度、肌理、形状尺寸等。

（1）色彩

材料的色彩，有天然形成的，也有人工调制的。天然材料的色彩变化万千，自然而丰富，如天然石材、木材等，往往会形成材料的色差。人工材料的色彩一般模仿天然材料，以达到仿真的效果。

（2）光泽度

光泽度通常称为镜面效果，对形成于表面上的物体形象的清晰程度及材料反射光线的强弱起着决定性的作用。镜面效果越强，反射作用越强。镜面效果是某些材料的重要装饰特征，常用在现代风格中。设计中还要预见到镜面反射效果带来的不利后果，如反射眩光、反射影像等。

（3）透明度

透明度是视线能够透过材料的比例。在需要采光同时需要兼顾视线干扰时，可以采用能够透光但不透视的材料，例如普通门窗玻璃大多是透明的，而磨砂玻璃、压花玻璃、玻璃砖等则为中透明的，乳白色亚克力灯片则完全不透明。

（4）肌理

肌理包括材料表面的纹理和质地。纹理是材料特别是天然材料所具有的独特的图案与花纹，往往变化万千，丰富多彩。质地则是材料表面的质感特征，细致或粗糙、平整或凹凸、坚硬或柔软、规则或杂乱、温暖或冰冷，等等。

天然装饰材料有着丰富的天然肌理，如各种不同的天然石纹（花岗岩、大理石、石灰岩、沉积岩等）、天然木纹、动物皮纹、彩色不锈钢等。材料经过拼装、组合或者打磨、雕刻等加工，形成更为丰富的加工肌理或者二次肌理，如纺织丝绸、编织竹墙、酸蚀彩色不锈钢、瓷器的结晶釉、各种工艺玻璃、各种材质的马赛克、酸洗大理石、火烧面花岗石、地面的各种地砖拼花图案等。

人们对装饰材料的肌理感知，往往也是综合视觉肌理和触觉肌理形成的综合心理感受，如天然材料中的木、竹、藤、麻、棉等材料常给人以亲切感，室内采用显示纹理的木材、藤竹家具、草编铺地以及粗略加工的墙体面材，粗犷自然，富有野趣，使人有回归自然的感受。

不同质地和表面加工的界面材料，给人们的感受示例：

平整光滑的大理石——整洁、豪华；

纹理清晰的木材——自然、亲切；

具有斧痕的假石——有力、粗犷；

全反射的镜面不锈钢——现代、高科技；

清水勾缝砖墙面——传统、乡土情。

（5）形状尺寸

大多数装饰材料作为标准化的工业产品，其形状尺寸都有特定的要求与规格。有些装饰材料如卷材的形状尺寸可在使用时按需要剪裁和切割，大多数装饰板材和砖块都有一定的形状和规格，如长方、正方、多角等几何形状，以便拼装成各种图案和花纹。

2）力学性能

建筑装饰材料的力学性能是指建筑装饰材料在外力作用下表现出来的性质，比较重要的性质有强度、硬度、刚度、耐磨性等。

材料在外力作用下抵抗变形和断裂的能力称为材料的强度,包括抗拉强度、抗压强度、抗剪强度、抗弯强度、比强度。

硬度是指材料表面抵抗其他物质刻、划、磨蚀、压入的能力。表示硬度的指标很多,天然矿物材料的硬度常用摩氏硬度表示。

刚度是指构件抵抗外力作用而弹性变形的能力。构件刚度不够时,表现为易变形但又能恢复原状。

耐磨性是指材料表面抵抗磨损的能力。材料的耐磨性与材料的强度、硬度及相关的物理性质有关。

3)理化性能

建筑装饰材料的理化性能是指材料在大气环境下表现出的物理状态及热学、声学和化学性质。比较重要的理化性质,如孔隙率、吸湿性、耐水性、导热性、耐燃性、吸声性等。

孔隙率是指材料中孔隙体积占整个体积的百分率。对于工程材料,孔隙率是一个变化范围很大的参数。如岩石的孔隙率通常在1%以下,石膏的孔隙率达85%以上。孔隙率反映了材料内部空隙的多少,直接影响材料的表观密度、强度、耐磨性、耐冻性、保温性、吸声性等。

吸湿性是材料在潮湿空气中吸收水分的性质,其大小以含水率表示。材料的吸湿性取决于材料的组成和孔隙率大小,特别是材料毛细孔的特征及周围环境的湿度。

耐水性是材料长期在饱和水作用下,保持原有功能,抵抗水的破坏,保持颜色、光泽,抵抗起泡、起层的能力。材料吸水或吸湿后,水分会分散到材料内部的颗粒表面,从而削弱材料内各类微粒间的结合力,造成材料褪色、失去光泽、体积膨胀,引起外部尺寸及形状的变化,导致材料失去原有的强度和装饰特性。

导热性是指材料将热量由温度高的部分向温度低的部分传递的性质,其导热能力的大小用导热系数来表示。材料导热性影响人体对于材料的体感温度,比如冬季对木材感觉温暖而对金属感觉寒冷。

耐燃性是材料抵抗燃烧的性质,是影响装饰工程防火和耐火等级的重要因素。根据材料的耐燃性不同,按国家标准可将其分为4个等级:非燃烧材料为A级、难燃烧材料为B1级、可燃烧材料为B2级、易燃烧材料为B3级。常见的非燃材料,如石材、金属、无机矿物材料等;难燃材料,如PVC塑料地板、经处理的木材、纸面石膏板等。

吸声性是指声音能穿透材料和被材料消耗的性质,其大小以吸声系数表示。吸声材料能抑制和减弱声波的反射作用,装饰音乐厅、电影馆、大会堂、播音室等工程时,要使用合适的吸声材料减少噪声干扰,以获得良好的音响效果。

2.4.3 材料的种类介绍

常见室内装修材料的种类如下。

1)地面材料

室内装修的地面材料通常有竹地板、木地板、地砖、石材、塑料地板类等。

(1)竹地板

竹地板采用竹材结合黏胶剂经高温压制而成,产品具有无毒、稳定、不开胶变形、表面光洁、几何尺寸好等特点。

（2）木地板

木地板是木材经烘干、加工后的地面装饰材料。它具有花纹自然、脚感舒适、使用安全的特点，是客厅、卧室、书房等地面装修的理想材料。木地板可细分为实木地板、多层实木地板、强化复合木地板等多种类型，各有特点。随着木地板品质的不断提高，表面处理技术使产品更加艺术化和个性化，能满足不同市场的需求。

实木地板的厚度为 16～18 mm，常见的长宽尺寸为 450 mm×60 mm、750 mm×60 mm、750 mm×90 mm、900 mm×90 mm。近年来，随着加工技术的发展，也出现了长度达到 1 200 mm、宽度达到 120 mm 左右的实木地板。多层实木地板厚度一般为 12 mm、15 mm、18 mm，长宽尺寸更大，一般有 1 800 mm×300 mm、1 800 mm×150 mm、1 500 mm×150 mm、1 200 mm×150 mm 等规格，有时为了更好地模仿实木地板，也常常加工成与实木地板相似的规格，如 900 mm×120 mm 或 900 mm×90 mm。

强化木地板的厚度一般为 8 mm、12 mm；长宽尺寸：标准的宽度一般为 191～195 mm，长度为 1 210 mm；加宽板宽度可以达到 300 mm 左右。有些强化木地板为了模仿实木地板，长宽尺寸也加工到近似实木地板的规格。常见的一些尺寸如 182 mm×1 200 mm、191 mm×1 210 mm/1 290 mm、225 mm×1 820 mm、808 mm×148 mm、1 215 mm×169 mm、1 215 mm×198 mm。

部分地面木材如图 2.37 所示。

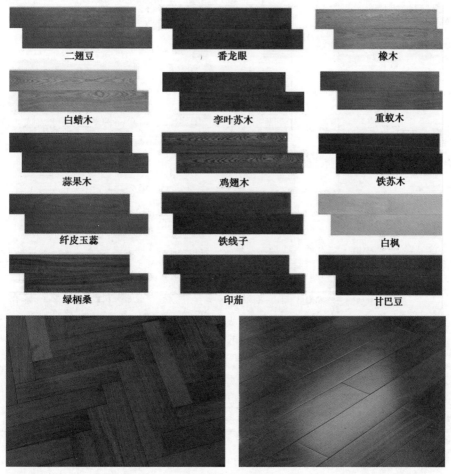

图 2.37　地面木材

（3）地砖

室内装修地砖,主要特点是美观、防水和防污。常见的有釉面砖、通体砖、玻化砖、水磨石、仿古砖、马赛克等类型。其中,釉面砖是砖的表面经过施釉后高温烧制的瓷砖,由土坯和釉面两部分构成,具有美观和防污的作用,常用于卫生间、厨房等的墙面。通体砖是一种不上釉的瓷质砖,有很好的防滑性和耐磨性。玻化砖是一种高温烧制的瓷质砖,其表面如玻璃镜面一样光滑透亮,是所有瓷砖中最硬的一种,其吸水率、边直度、弯曲强度、耐酸碱性等方面都优于普通釉面砖、抛光砖及一般的大理石。水磨石是大理石和花岗岩或石灰石碎片嵌入水泥混合物中,用水磨使其表面平滑的地面。仿古砖是从彩釉砖演化而来的,实质上是上釉的瓷质砖,色彩丰富漂亮,还兼具防水、防滑、耐腐蚀的特性。马赛克是一种特殊存在方式的砖,它一般由数十块小砖组成一块大砖,常见的有陶瓷马赛克、大理石马赛克、玻璃马赛克,具有耐酸、耐碱、耐磨、不渗水、抗压强等特点。

常用的室内装修地砖如表 2.1 所示。常用地面石材如图 2.38 所示。

表2.1　常用的室内装修地砖

类别或名称	常用规格尺寸/ mm			品种或外观	适用范围
	长	宽	厚		
釉面防滑地砖	300	300	7 ~ 10	色彩:黄色、褐色和灰色居多 表面肌理:平整面居多,图案或仿石材纹理	室内地面
	400	400	7 ~ 10		
	600	600	7 ~ 10		
仿古地砖	100	100	5 ~ 8	色彩与图案变化丰富,品种多样 表面肌理:各种凹凸几何纹理	室内地面、墙面
	150	150	5 ~ 8		
	200	200	5 ~ 8		
	300	300	5 ~ 8		
	400	400	5 ~ 8		
	600	300	7 ~ 10		
	600	600	8 ~ 10		
玻化砖	400	400	8	色彩:米黄色、咖啡色、赭石色、灰色居多 表面肌理:表面光亮平滑,大多有仿石材或木材的纹理	除用水房间外其他场所
	500	500	8		
	600	600	10		
	800	800	10 ~ 12		
	900	900	10 ~ 12		
	1 200	600	12 ~ 15		
	1 000	1 000	15 ~ 18		
	1 200	1 200	20		
锦砖(马赛克)	300	300	3 ~ 5	—	内外墙地面

图 2.38 地面石材

(4)石材

石材是地面饰材中的重要类别,常见的有大理石、花岗岩、人造石材等。大理石色泽种类较多,适用于室内墙面、柱面、栏杆、楼梯踏步等的装饰,也可制成工艺品用于室外摆设装饰,大理石由于容易被酸雨侵蚀,通常不能用于室外。花岗岩常用于酒店、办公楼、商场、银行等公共场所的地面、墙面、柱面、楼梯、台阶等的装饰,也可直接用于室外。人造石材又称合成石材,具有类似大理石、花岗石的肌理特点,色泽均匀、结构紧密,同时具有耐磨、耐水、耐寒、耐热、耐酸碱和易成型等优点,常应用于窗台、灶台等台面。天然石材厚度为 15~25 mm,规格可以根据空间大小和设计要求定制切割成各种规格。

(5)塑料地板

塑料地板是一种轻体地材,由耐磨层、印花膜、PVC 大理石粉 3 部分构成,在平整的水泥地面上以环保专用胶一铺即可施工,具有方便、快捷的特点。塑料 PVC 地板厚度通常为 3~5 mm,外观有卷材和片材两种。卷材幅宽通常为 1 800 mm,长度不受限制。片材规格比较多,正方形片材通常为 400 mm×400 mm~600 mm×600 mm,长方形片材 600 mm×800 mm 左右。近些年来,仿木地板花纹的片材,由于外观具有实木地板的天然纹理,又耐磨、防水,应用越来越广泛,其平面尺寸和实木地板相近。

2)墙面材料

墙面材料具有保护墙体的作用。例如浴室、厨房等湿度高的地方,在防水工程的基础上加贴瓷砖,墙体就不会受潮;人流较多的门厅、走廊处做瓷砖墙裙,也能起到保护墙体的作用。内墙饰面的另一个重要功能是可反射光波、声波等,从而改善使用环境。墙面材料常用的有以下几种:抹灰类材料,如界面剂、石膏粉、大白粉、纤维素等;涂刷类材料,如乳胶漆、液体漆、涂料等;贴面类材料,如壁纸、壁膜等。

建筑装饰常用的陶瓷内墙砖如表 2.2 所示。

表2.2　建筑装饰常用陶瓷内墙砖

类别或名称	常用规格尺寸/mm			品种或外观	适用范围
	长	宽	厚		
釉面砖墙砖	152	152	5~6	色彩:浅色居多,有利于提高室内亮度 表面肌理:平整面居多,有各种纹理,如木纹、皮纹、洞石、熔岩等,以及各种图案	防水防潮,易清洁,用于厨卫等潮湿环境的墙面
	200	200	5~6		
	300	300	5~6		
	450	300	5~8		
	600	300	7~10		
仿古砖	100	100	5~8	色彩:米黄色、黄色、咖啡色、暗红色、土色、灰色、灰黑色 表面肌理:仿旧砖石材料的居多	室内墙地面
	150	150	5~8		
	200	200	5~8		
	300	300	5~8		
	400	400	5~8		
	500	500	7~10		
	600	300	7~10		
	600	600	7~10		
微晶石墙砖	600	600	13~15	色彩:以白色、米黄色、黄色、咖啡色居多 表面肌理:以仿石材纹理居多	室内墙、地面
	800	800	13~15		
	1 000	1 000	13~15		

3）顶棚

吊顶是顶棚装饰最为常见的手法,它既能美化空间,又可区分室内空间。常见的吊顶材料有面板和架构龙骨两大类。吊顶面板有石膏板、防水面板、硅钙板、矿棉板、硅酸钙板、铝扣板、铝塑板、PVC板等;常用的龙骨有金属龙骨与木龙骨两种。

4）门窗材料

对于清水房室的装修,其中很重要的一个项目就是包门窗套、安装室内门。包门窗套即在门框的基础上将边上的墙壁包起来,一则美观漂亮,二则对墙壁具有保护作用。随着经济的发展及审美的转变,门套应用越来越广泛。门窗套的制作材料以木材为主,也有部分应用金属、塑钢及复合材料。木材门窗套根据选材不同,还可分为实木套和复合套两种,实木套由一种类型的实木制作,复合门窗套由底层和面层组成,一般应用了两种或两种以上的木材。

5）其他饰材及配件

五金是现代装修的重要材料,常用的五金有连接性五金、功能性五金、装饰性五金。连接性五金主要用于板材或物体之间的连接,如铁钉、螺纹铁钉、码钉、折页、铰链、连接件等;功能性五金具有一定的功能,如门锁、滑轨、滑道、滑轮、拉手等;装饰性五金是指带有一定装饰效果的五金配件,如玻璃扣。

卫浴洁具是室内装修中必不可少的材料,包括卫浴五金、卫浴陶瓷等。品种有各种龙头、水阀、洗面盆、坐便器、蹲便器、小便斗、浴缸、拖布池等。

2.5　室内家具陈设配饰设计

室内家具陈设配饰设计又称软装设计,包括家具、陈设、灯具、绿化、窗帘织物等室内布置设计的内容,除了固定家具、嵌入灯具及壁画等与界面组合外,大部分可相对地脱离界面而布置于室内空间,其使用和观赏的作用都极为突出,通常它们都处于视觉中显著的位置,家具还直接与人体接触,感受距离最为接近。这些内容对烘托室内环境气氛,形成室内设计风格等起着举足轻重的作用。

相对于空间界面"硬装"的一次性和难于更改,软装可以随时更换、更新不同的元素。不同季节可以更换不同的色系、风格的窗帘、沙发套、床罩、挂毯、挂画、绿植等,使得室内空间富于变化,保持新鲜感,避免审美疲劳并始终拥有个性。近些年来,室内软装设计发展迅速,逐渐从传统建筑装饰中分离出来,成为一个新兴行业。

2.5.1　家具陈设配饰设计的元素

1)家具

家具是家庭装修中最大件的软装类装饰,它包括沙发、电视柜、茶几、床、床头柜、餐桌椅、书柜、书桌、衣柜、梳妆台、端景台、酒柜等各种家具。家具款式、材质、色彩等多种多样,价格差异很大。

2)布艺织品

布艺织品包括窗帘、床上用品、地毯、桌布、靠垫等。布艺织品是家居软装中最常见的饰品之一,无论是从色彩,还是材质上来说,都可以和家具完美地结合,营造出柔和、温馨的家居氛围。好的布艺织品不仅可以提高室内设计的档次,还能让室内更加温暖,充满情调。

3)室内绿化

室内绿化包括装饰花艺、鲜花、干花、花盆、艺术插花、绿化植物、盆景园艺、水景等。室内绿化在现代室内设计中具有不能代替的特殊作用。室内绿化具有改善室内小气候和吸附粉尘的功能。更重要的是,室内绿化使室内环境生机勃勃,带来自然气息,柔化室内人工环境,令人赏心悦目,在快节奏的现代生活中具有协调人们心理使之平衡的作用。

4)灯具

灯具包括吊灯、立灯、台灯、壁灯、射灯等与界面分离的非嵌入式灯具。灯具不仅有提供照明的功能,其光照和光影更有烘托环境气氛、改善装饰效果的作用。

5)装饰陈设品

装饰陈设品包括装饰挂画、地毯、挂毯、各种装饰工艺品、艺术品、玻璃制品、瓷器、餐具、果盘、花瓶等。它们有些只是纯粹用于装饰,有些还具有生活实用功能。有些是价值不高的工业产品,有些则是价格昂贵的个人收藏品、古玩等。工艺饰品、艺术品的陈列设计能够赋予空间更多的文化内涵和品位。

家具陈设案例如图2.39所示。

图 2.39　家具陈设

2.5.2　家具陈设配饰设计的原则

家具陈设配饰设计根据居室空间的大小、形状,主人的生活习惯、兴趣爱好和各自的经济情况,从整体上设计方案,体现住宅空间的个性品位,避免"千家"一面。

家具陈设配饰设计应从实际居住状况出发,灵活安排,兼具美观与功能,既合理地摆设一些必要的生活设施,又有一定的活动空间。为使居室布置实用美观、完整统一,应注意以下几个原则:

1)满足功能要求,力求舒适实用

家具陈设配饰设计的根本目的,是满足家庭成员的生活需要。这种生活需要体现在居住与休息,做饭与用餐,存放衣物与摆设,业余学习,读书写字,会客交往以及家庭娱乐等诸多方面,而首要的是满足居住与休息的功能要求,创造出一个实用、舒适的室内环境。因此,家具陈设配饰设计应力求合理性与适用性。

比如,选择家具时,应注意空间大小与家具尺寸的关系,尺度适宜并符合人体工程学。在选择绿色植物的时候一定要注意选择常绿的、对阳光需求偏小,更符合房屋装修风格的室内盆栽。

2)与装饰风格统一,基调协调一致

软装陈设元素种类繁多,更多体现业主个人的主观因素,如性格、爱好、志趣、职业、习性等。设计时,家具陈设布置应与室内空间与界面装饰的风格相统一,基调一致,材质、造型、色彩、布置方式等与界面硬质装修处理好主题与背景的关系,满足空间整体装修风格的需求,否则会显得风格凌乱、不统一。

比如在选择装饰挂画的种类、绘画内容时,为与整体风格保持一致,欧式古典风格常常选择油画,中式风格则选择中国传统山水画等;又如装饰灯具,其品种极为丰富,造型千变万化,性能千差万别,选购时,应注意其样式、材质和光照度等都要和室内功能及装饰风格相统一。

3）色调协调统一,略有对比变化

家具陈设色彩都要在协调统一的原则下进行选择,统一是主要的,对比变化是次要的。空间界面色彩是主色调与背景色,家具陈设、器物色彩既要在统一中求变化,又要在变化中求统一,要善于使用对比色与互补色,并合理控制色彩面积。

4）器物疏密有致,装饰效果适当

家具是家庭的主要器物,它所占的空间与人的活动空间要配置合理、恰当,使所有器物的陈设,在平面布局上格局均衡、疏密相间,在立面布置上有对比、有照应,切忌堆砌。

2.6　住宅室内空间环境系统

室内环境系统与建筑空间是室内设计功能系统的主要组成部分。两者共同组成了室内设计的物质基础,是满足室内各种功能的前提。

室内环境系统包括光、热、风、电、水、声等室内物理环境,由采光与照明、电气、给排水、通风与空调、声环境等组成,包括自然环境与人工环境两个方面,也包括满足人的各种生理需求的机电设备与构件。室内环境系统是现代建筑不可或缺的有机组成部分,涉及多个技术领域,关系到使用者的生理与心理健康。

尽量利用天然采光与通风,利用各种环境监测与自动控制技术手段,减少建筑能耗,建设绿色住宅、超低能耗住宅、被动式住宅等,是国家的发展战略,也是住宅室内设计的使命与发展方向。

2.6.1　采光与照明

创造良好的套型室内空间光环境十分重要。人类生活的大部分信息来自视觉,良好的光环境有利于人体活动,提高劳作效率,保护视力。天然采光对于人体卫生具有不可替代的作用。住宅日照条件取决于建筑朝向、地理纬度、建筑间距等诸多因素。一般说来,每户至少应有一个居室在大寒日保证一小时以上日照(以外墙窗台中心点计算)。自然采光受开窗形式和位置制约,套内空间天然采光通常以窗洞口面积与房间地面面积之比(窗地面积比)进行控制。我国《住宅设计规范》(GB 50096—2011)规定了住宅各直接采光房间的窗地面积比最小值,如表2.3所示。

表2.3　住宅室内采光标准(与建筑设计有关)

房间名称	侧面采光	
	采用系数最低值/%	窗地面积比值/(A_c/A_d)
卧室、起居室(厅)、厨房	1	1/7
楼梯间	0.5	1/12

注:窗地面积比值为直接天然采光房间的侧窗洞口面积A_c与该房间地面面积A_d之比。

窗地面积比如图2.40所示。

图 2.40　窗地面积比示意图

人工照明受电气系统及灯具配光形式的制约。照明对光线的强弱明暗、对光影的虚实形状和色彩、对室内环境气氛的创造有着举足轻重的作用。就人的视觉来说,没有光也就没有一切。在室内设计中,光不仅满足人们视觉功能的需要,而且是一个重要的美学因素。光可以形成空间、改变空间或者破坏空间,它直接影响人对物体大小、形状、质地和色彩的感知。

2.6.2　电气系统

电气系统包括强电系统和弱电智能化系统。

(1)强电系统

强电系统保证住宅建筑中各类用电设备和设施系统地运行,供水、空调、通信、广播、电视、保安监控、家用电器等都依赖于电能。强电系统的功率包括住宅的灯具照明负荷、常规的生活插座负荷、空调设备负荷、电热水器用电负荷、电取暖器用电负荷等。住宅建设时,通常入户功率会有一个设计标准值,在选择家用电器、空调形式、采暖形式时,必须满足入户的用电功率负荷要求。照明设计时,应注意灯具的各个控制回路要满足装饰氛围的营造与使用的方便,常常采用双回路控制甚至多回路控制。插座设计时,也要考虑多种电气设备的使用需求以及随着生活水平的提高,出现的新型电气设备的用电需求。

(2)弱电智能化系统

弱电智能化系统包括网络线路、安全监控、照明自动控制、各种家用电器自动控制等多种系统。随着科技进步,人类社会进入信息化时代,家居生活的智能化、自动化内容越来越多,智能化住宅设计概念开始影响住宅室内设计。

智能化住宅是指以拥有一套先进、可靠的网络系统为基础,将住户和公共设施建成网络并实现住户、社区的生活设施、服务设施的计算机化管理的居住场所。智能化住宅同时将住宅内部各种家用电器、生活设施连入网络,实现远程与自动化控制,实现智能、节能、生态、安全、方便等目标。

电气系统是住宅室内设计工作的组成部分,由电气专业工程师完成。智能家居设计如图2.41 所示。

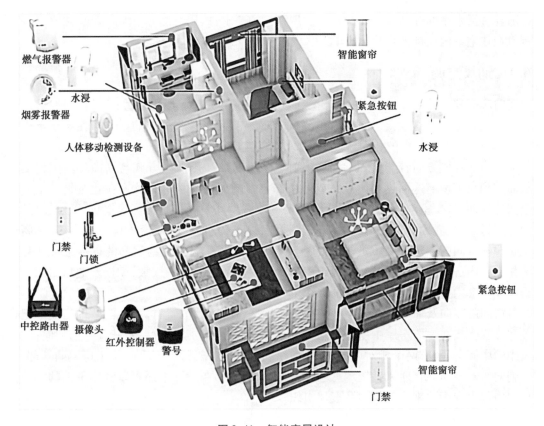

燃气报警器

水浸

烟雾报警器

人体移动检测设备

门禁

门锁

中控路由器   摄像头

红外控制器   警号

智能窗帘

紧急按钮

水浸

紧急按钮

智能窗帘

门禁

图 2.41　智能家居设计

一般认为具备下列 4 种功能的住宅为智能化住宅：

①安全防卫自动化；

②身体保健自动化；

③家务劳动自动化；

④文化、娱乐、信息自动化。

具备以上 4 种基本功能，即可实现家庭活动自动化。家庭活动自动化是指家务、管理、文化娱乐和通信的自动化。所谓家务，是指家电设施、保安设施、能源管理等；所谓管理，是指家庭购买、经济管理、家务工作及医疗健康管理等；所谓文化娱乐，是指利用计算机进行学习、娱乐、文艺创作等；所谓通信，是指利用通信网络与外界联络及咨询服务。

要注意电脑化和智能化是不同的。大量内附计算机硬件与软件的仪表仪器、装备和系统，均可称为电脑化，但不一定是智能化。必须采用某种或某些人工智能技术，使该仪表、仪器、装备和系统具有一定的智能功能，方可称为智能化。电脑化是智能化的必要条件，但不是充分条件。

2.6.3　给排水

给排水包括住宅的给水管道、雨水管道与污水管道。上下水管与楼层房间具有对应关系，套型优化设计时，不能破坏住宅原有雨水管与污水管，不能雨污混接，用水房间不能轻易改变位置。

随着生活水平的提高及可持续社会发展目标的要求,饮用纯净水、中水利用、热水循环系统等也在住宅室内设计中得到体现。

2.6.4 通风空调

室内应有良好的自然通风,以保证换气量。空气中的二氧化碳含量不能过高,一般其浓度不宜超过 0.1 %。这就要求有足够的空间和一定的换气量。每人的平均居住容积至少为 25 m³。除此之外,空气中的相对湿度、温度和空气流速等因素共同影响人的生理舒适度。

从室内热环境方面看,人体以对流、辐射、呼吸、蒸发和排汗等方式与周围环境进行热交换从而达到热平衡。这种热交换过大或过小都会影响人的生理舒适度。在建筑设计中处理好空间外界面,减少室内外热交换是十分重要的。减少外墙面积是提高建筑热环境质量的重要途径。另外,外界面材料本身的保温隔热性能、节点构造方式、开窗方位大小、缝隙密闭性等也是改善空间内部热环境质量的主要因素。在炎热地区,还应注意房间的自然通风组织。

住宅套内房间的朝向选择及通风组织对保证卫生及使用影响很大,朝向及通风组织合理与否是评价套内空间组合质量好坏的一个重要标准。

各房间的朝向及通风组织与该套住宅在一栋房屋中所处位置有关,也与套内房间的组合有关。一套住宅在一栋房屋中所处的位置有 4 种可能:位于房屋的一侧只有一个朝向;位于房屋中的中间一段,有两个相对朝向;位于房屋的一角,有相邻两个朝向;位于房屋的端部,有多个朝向。双朝向混合通风系统示意图如图 2.42 所示。在设计中还可以利用平面的凹凸及在房屋内部设置天井来改善朝向及通风组织。

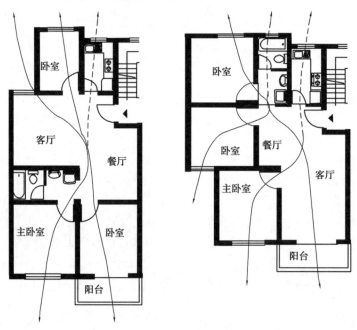

图 2.42　双朝向混合通风系统示意图

设备与管路是所有人工环境系统中体量最大的,它们占据的建筑空间和风口位置会对室内视觉形象的艺术表现形式产生很大的影响。

2.6.5　室内声环境

室内声环境包括建筑声学与电声传输两方面内容,建筑构造限定的室内空间形态与声音的传播具有密切关系。界面装修构造和装修材料的种类直接影响隔声吸声的等级。

从室内声环境方面看,住宅内外各种噪声源对居住者生理和心理产生干扰,影响人们的工作、休息和睡眠,损害人的身体健康。我国《民用建筑隔声设计规范》(GB 50118—2010)对住宅建筑室内允许噪声级有明确的规定,如表2.4所示。要满足这些规定,必须在总图布置时尽量降低室外环境噪声,同时合理地选用空间外界面材料和构造做法(包括外墙、外门窗、分户墙和分户楼板等),对于住宅内部的噪声源,应尽可能远离主要房间。如电梯井、垃圾井不能与卧室、起居室相邻,厨房和卫生间中有可能传声的管道不宜设置于靠卧室、起居室一侧的墙上。

表2.4　《民用建筑隔声设计规范》(GB 50118—2010)中住宅建筑室内允许噪声级的规定

房间名称	允许噪声级 /dB		
	一级(较高标准)	二级(一般标准)	三级(最低标准)
卧室、书房或卧室兼起居室	≤40	≤45	≤50
起居室	≤45	≤50	≤50

2.7　室内照明设计

造型美观的灯具和家具装饰一起点缀着室内空间,别具匠心的灯具既可提供照明,又可以充分体现室内的风格特征,展现与众不同的个性。灯光设计对设计风格与氛围营造尤为重要。灯光是一个较灵活及富有趣味的设计元素,是黑夜里温馨气氛的营造能手,通过颜色及光影层次让空间更具魅力,成为气氛的催化剂,是室内的焦点及主题所在,还能增加室内装饰的层次感。照明设计在室内设计中的作用逐渐得到重视,越来越多的室内设计将照明设计作为一个专项设计。

照明设计的内容包括照明参数的确定、灯具类型的选择、照明方式等。

2.7.1　照度与光色

照度是指单位面积上接受可见光的能量,单位勒克斯(lx)。照度是指示光照强弱和物体表面积被照明程度的量。

光色是指光源的颜色,以 K(kevin)为计算单位表示光颜色的数值,也称色温。光色的冷暖,对表现主题帮助较大。如红色表现热烈、黄色表示高贵、白色表示纯洁等。光色为2 700～3 200 K 时呈黄色,称暖光或黄光;光色为3 200～5 000 K 时呈暖白色,接近于自然色,也称中性光;光色为5 000～6 500 K 时称为白光;光色大于6 500 K 时称为冷光。色温的高低与灯光的显色性成反比,与亮度成正比。色温越高,显色性越低,亮度越高。所以黄光的显色性高、亮度低,白光的显色性低、亮度高。厨房与餐厅为了食物呈现正常颜色,常用黄光或暖光。为了兼顾显色性与亮度,常常可以采用中性光光源。

2.7.2 灯具的类型

灯具从外形来分,可分为点状、线形、面状以及树枝形灯具。点状灯具如各种筒灯、小型吊灯等;线形灯具如各种条形灯带;面状灯具如大型的吸顶灯、灯盘等;树枝形灯具如各种枝形吊灯。

根据安装方式和安装位置,灯具可分为吊灯、吸顶灯、壁灯、台灯、落地灯、嵌入式筒灯、嵌入式灯盘等,由于形状和性能不同,它们在温馨的家中各得其所。

此外,灯具还可以分成移动型和不可移动型、调整型和不可调整型等,了解照明灯具的特征与功能,并搭配空间的使用功能,选择主要照明设备,搭配辅助照明设备,就能配置出既满足使用要求又充满情调的照明情境。

1)吊灯

吊灯(图2.43)以悬吊的方式垂挂于天花板,较常用于室内的整体照明,尤其适合用于客厅、餐厅照明。吊灯的形式繁多,常用的有锥形罩花灯、尖扁罩花灯、束腰罩花灯、五花圆球吊灯、玉兰罩花灯、橄榄吊灯等。吊灯最低点离地距离应不少于2.2 m。

图2.43 吊灯

2)吸顶灯

吸顶灯(图2.44)以固定的方式直接安装于天花板,适用于客厅、卧室、厨房、卫生间等处照明。吸顶灯常用的有方罩吸顶灯、圆球吸顶灯、尖扁圆吸顶灯、半圆球吸顶灯、半扁球吸顶灯、小长方罩吸顶灯等。

图2.44 吸顶灯

3)壁灯

壁灯(图2.45)通常是指固定于垂直面的灯具,通常选用较小功率的光源,其安装的位置要避免对人眼产生眩光。壁灯最常安装于需要重点加强照明的地方,如楼梯转角、走廊、梳妆镜上方,再加上其多变的造型,也可以作为装饰照明。常用的壁灯有双头玉兰壁灯、双头橄榄壁灯、双头花边壁灯、玉柱壁灯、镜前壁灯等。

图2.45　壁灯

4）嵌入式灯具

嵌入式灯具是指全部或局部安装进入某一平面的灯具,包括嵌入式筒灯(图2.46)及灯盘。投光角度可以改变的称为可调整式嵌灯。嵌入式灯具藏入天棚安装,比较整洁干净,但是天棚内要预留一定的空间安装,并且要留意散热。嵌入式灯具既可以满足区域照明,也可以进行重点照明,得到了广泛应用。

图2.46　嵌入式筒灯

5）聚光灯

聚光灯可以明装也可以暗装,由于灯内有聚光装置,光线投射角度小而集中在一定的区域内,让被照射物体获得充足的照度与亮度,常用来凸显空间中的重点,例如墙面上的画作、展示柜内的收藏品等,还可搭配天花板轨道的应用,做更有弹性的灯光配置。轨道式聚光灯如图2.47所示。

图2.47　轨道式聚光灯

6)立式落地灯

立式落地灯(图2.48)可看作桌灯、台灯的延伸,高度较桌灯与台灯高,底部有底座或脚架可支撑立于地面之上。装饰性强的立式落地灯可为空间带来不同层次感,功能性强的立式落地灯除了可功能性地移动外,也能作为指定方向性的照明,它与台灯的差别在于它不会占用工作台面空间。

图2.48　立式落地灯

7）脚灯

脚灯（图2.49）安装位置低，一般嵌在楼梯或走廊的低地板区域，可以用作夜间安全导引灯，特殊感应式的设计可更节能与方便。

图2.49 脚灯

8）感应灯

感应灯包括光感知器、人体红外线感应灯、磁簧或弹簧式感应灯、声控感应灯。安装于室外的常属于人体红外线感应灯，兼具照明与防盗的功能。

9）线形灯

线形灯（图2.50）是指呈长条形的灯具。传统线形灯是荧光灯管组合成长条形，截面尺寸比较大。近些年，随着LED照明技术的发展，出现了LED线形灯，其尺寸更小（最小宽度只有5 mm×3 mm），更易隐藏或者与家具结合，同时长度可以随意组合，既能提供照明，其组合方式也更多样、更美观。LED线形灯由于表面覆盖一层树脂扩散层，因此光线更柔和。

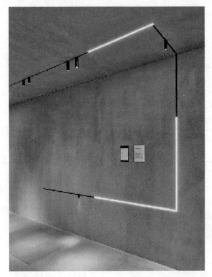

图2.50 线形灯

10）光源

灯具光源有白炽灯、荧光灯、卤钨灯、节能灯、LED 灯等类型，白炽灯、卤钨灯显色性好但能耗高，荧光灯显色性低，节能灯光效是普通白炽灯的 5 倍多，寿命是普通灯泡的 8 倍左右。LED 光源与其他光源相比，具有耗电低、体积小、无毒环保、寿命长等诸多优点，目前已取代其他光源，成为市场主流。

LED 灯具有如下特点：

①高节能：采用直流驱动，超低功耗电光功率转换接近 100%，相同照明效果比传统光源节能 80% 以上。

②寿命长：使用寿命可达 6 万～10 万 h，比传统光源寿命长 10 倍以上。为固体冷光源，可以用环氧树脂封装，形成一体成型灯具，使用广泛。

③多变换：LED 光源利用红、绿、蓝三基色原理，在计算机技术控制下使 3 种颜色具有 256 级灰度并任意混合，即可产生 16 777 216 种颜色，形成不同光色的组合，变化多端，实现丰富多彩的动态变化效果及各种形态和图像。

④利环保：光谱中没有紫外线和红外线，既没有热量，也没有辐射，眩光小，不含汞元素，废弃物可回收，没有污染，属于典型的绿色照明光源。

2.7.3 照明设计的原则

1）功能性

照度标准（是指"工作面"——房间一般指距地 700 mm 左右高度的面上的照度要求）、光色（色温）、显色性等参数应满足空间或场所的照明要求。住宅内，各个空间的照明要求不同，室内部分空间的照明要求如表 2.5 所示。

表 2.5　室内部分空间的照明要求对照表

空间		参考平面	照度标准值/lx	显色指数	照度标准值/lx 老年人
客厅	一般活动	0.75 m 水平面	100	80	200
	书写、阅读		300 *		500 *
卧室	一般活动	0.75 m 水平面	75	80	200
	床头、阅读		150 *		500 *
餐厅		0.75 m 餐桌面	150	80	
厨房	一般活动	0.75 m 水平面	75	80	
	操作台	台面	150 *		
卫生间		0.75 m 水平面	100	80	
工作间		0.75 m 水平面	300	80	
电梯前厅		地面	75	60	
走道、楼梯间		地面	50	60	
车库		地面	30	60	

注：* 指混合照明照度。

储藏室照度一般为 50 lx。住宅室内光色一般采用中性光(暖白光)光源,兼顾照度与显色性,以营造明亮、温暖的居住氛围。餐厅、厨房,为尽量还原食物的本色,还会配置暖光源,提高显色性。客厅的灯光照明设计应采用垂直式照明,要求亮度分布均匀,避免出现眩光,一般宜选用全面性照明灯具。家庭影音室、陈列展示柜、墙面装饰画等处,一般采用强光重点照射,其亮度比一般照明高出 3~5 倍,并使用方向性强的照明灯具和色光来提高陈列品的艺术感染力。

2)适宜的空间氛围

灯光的光色、亮度对人的情绪会产生影响,黄色、柔和的光线使人感到温暖舒适,明亮强烈的光线会使人情绪激动。灯光的明暗、隐现、抑扬、强弱以及节奏的控制,通过透射、反射、折射等多种手段,可以创造出温馨柔和、宁静幽雅、怡情浪漫、光辉灿烂、富丽堂皇、欢乐喜庆、节奏明快、神秘莫测、扑朔迷离等多种气氛,为人们的生活环境增添丰富多彩的情调。在家居灯光的运用上,卧室要温馨,书房和厨房要明亮实用,客厅要丰富、有层次、有意境,餐厅要浪漫,卫生间要温暖、柔和。

3)经济性

灯光照明并不一定以多为好、以强取胜,关键是要科学合理。灯光照明设计是为了满足人们视觉生理和审美心理的需要,使室内空间最大限度地体现实用价值和欣赏价值,并达到使用功能和审美功能的统一。华而不实的灯饰非但不能锦上添花,反而画蛇添足,同时造成电力消耗、能源浪费和经济损失,甚至还会造成光环境污染而有损身体健康。LED 光源,由于环保节能,得到大量使用。

4)安全性

灯光照明设计要求绝对安全可靠。由于照明来自电源,因此设计时必须采取严格的防触电、防短路等安全措施,避免意外事故的发生。

2.7.4 照明方式

照明有多种方式,按照光源是否可见,可分为直接照明和间接照明;按照照明的范围,可分为环境照明和重点照明;按照照明的目的,可分为功能性照明和装饰性照明。

1)直接照明与间接照明

直接照明是指灯具直接照射在物体或者受光面上,如吊灯、筒灯、射灯等。直接照明,直接、简单,一般作主要照明或突出主题之用。

间接照明,如图 2.51 所示,是灯具置于暗灯槽或透光灯片背后,发出的光线通过反射面、透光灯片、透光软膜等,投射到物体或受光面上,灯管显得柔和而均匀,在气氛营造上则能发挥独特的功能性,营造出不同的意境。

图 2.51　漫反射灯带与 LED 线形灯结合的间接照明

直接照明与间接照明的适当配合,能对比表现出灯光的独有个性,能缔造出完美的空间意境,散发出不凡的意韵。

2)环境照明与重点照明

环境照明是为室内空间提供整体照明,它不针对特定的目标,而是提供空间中的光线,使人能在空间中活动,满足基本的视觉识别要求。环境照明具有均匀性的特点。

重点照明起强调、突出作用,其主要目的是照亮物品和展示物,如艺术品、装饰细部等。多数情况下,重点照明具有可调性,能适应不断变化的重点照明要求。轨道灯是最常见的重点照明灯具,此外洗墙灯、聚光灯等也是常用的重点照明灯具。

有些空间(如娱乐空间)为获得一种戏剧性效果,会有意加大环境光照与重点照明的对比度,以此强调重点、营造氛围。

3)功能性照明与装饰性照明

功能性照明满足空间场所的功能要求。因环境场所、工作性质的不同会对灯具和照度水平有不同的要求,如专业画室要求照度水平较高而柔和,不能产生眩光,对灯具的显色性能也有较高的要求;而车库、储藏室、棋牌室等空间,则对照明的光色要求不高。

装饰性照明以吸引视线、烘托风格为目的,主要目的就是为空间提供装饰,并在室内设计和为环境赋予主题等方面发挥重要作用。装饰性照明主要体现在以下几个方面:一是灯具本身的空间造型及其照明方式;二是灯光本身的色彩及光影变化所产生的装饰效果;三是灯光与空间和材质表面配合所产生的装饰效果;四是一些特殊的、新颖的先进照明技术带来的与众不同的装饰效果。装饰性照明对表现空间风格与特色举足轻重。如图 2.52 所示,装饰性照明勾勒出了空间轮廓,突出了面分离的设计效果。又如图 2.53 所示,丰富有层次的灯光再加上灰蓝色地面自带的质感,如同秀场。

 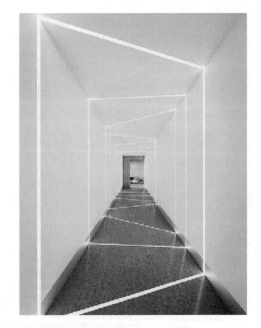

图 2.52 装饰性照明 1   图 2.53 装饰性照明 2

图 2.54 中,灯光使得床体透亮,烘托出高级感,如爱丽丝的仙境。

图 2.54 间接照明与装饰性照明

3

住宅室内主要功能空间设计

    住宅室内主要功能空间包括客厅、起居室、各种卧室、书房、餐厅、厨房、卫生间、走道、楼梯间、储藏室等。各种空间的设计要求包括尺寸及面积要求、家具布置方式、空间及界面设计、材料的选择、风格的统一等。需注意空间平面的长、宽尺寸比例,一般控制在1:1.5以内为宜,避免空间给人以狭长感,要做到这一点,需在平面组合设计时进行仔细的推敲。

    在紧凑的住宅套型中,家具布置还可向立体化发展,有效地利用空间,如布置高低床、吊柜以及多功能灵活家具等,在有限的面积内增加空间的使用效率。住宅室内设计平面布置图案例如图3.1所示。

3.1 客厅的设计

    客厅是会客、接待的空间,在目前大多数普通住宅中,还兼有起居室(又称家庭厅)的功能,将家人团聚、起居、休息、娱乐、视听活动等多种功能容纳其中,成为多功能厅。根据家庭的面积标准,有时兼用餐、工作、学习功能,甚至局部设置兼具坐卧功能的家具等,因此,客厅是居住建筑中使用活动最集中、使用频率最高的核心室内空间,在住宅室内造型风格、环境氛围方面也常起主导作用。

    在面积较大的住宅如别墅中,客厅、起居室(家庭厅)一般分开使用,对外接待和家庭成员活动严格分开,互不干扰。

图 3.1　住宅室内设计平面布置图

3.1.1　客厅的一般尺寸与面积

客厅的面积大小和套型标准有关,适宜的面积在 18～25 m² 左右。适宜的开间为 3 900～5 100 mm,适宜的进深为 4 200～6 000 mm。设计时应尽量保持两个相对完整的墙面或者两个对角。兼有交通组织功能的客厅,通常会联系卧室和其他房间,在墙面上可能会有多个门洞,极易造成洞口太多,所余墙面零星分散,不利于家具布置。在设计中,特别需注意减少其洞口数量,并使洞口相对集中,以尽可能多地留出墙角和完整墙面布置家具及做墙面造型。

3.1.2　客厅的常用家具与布置

客厅常用家具有会客沙发、茶几、电视台、储物柜、电视等。兼作餐室的起居室则有餐桌椅、酒水柜、餐具柜等。客厅常用家具的尺寸见图 3.2。

沙发的数量、组合方式取决于客厅面积的大小及设计风格。客厅家具的配置和选用,对住宅室内氛围的烘托起着极为重要的作用。家具从整体出发应与住宅室内风格协调统一。客厅内除必要的家具外,还可根据室内空间的特点和整体布局安排,适当设置陈设、摆件、壁饰等小品,室内盆栽或案头绿化常会给居室的室内人工环境带来生机和自然气息。

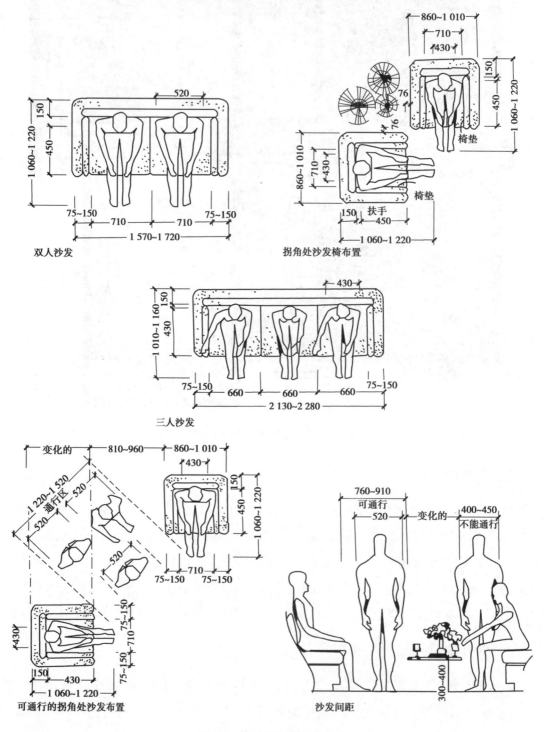

图3.2　客厅常用家具与尺寸

3.1.3　客厅的空间设计

客厅平面的功能布局,基本上可分为两种:一是配置茶几和低位座椅或沙发组成的谈话、会客、视听和休闲活动区;二是联系入口和各类房间的交通面积,交通面积应尽可能使视听、休闲活动区不被穿通,为使布局紧凑、疏密有致,通常沿墙一侧可设置低柜或多功能组合柜,再适当配置室内绿化和壁饰、摆件等陈设小品。标准较高的客厅可配置成套室内家具,其设置的位置也有较大余地。

客厅的空间形状,主要由建筑设计的空间组织、建筑形体结构、经济性等基本因素确定,以矩形、方形等规正的平面形状较为常见。当住宅形体具有变化,造型具有特征,或结合基地地形等多种因素时,则非直角、非规正,甚至多边形等平面与相应空间形状的居室均可能出现,这时常给客厅的室内空间带来个性与特色。

客厅地面、墙面、顶棚等各个界面的设计,风格上需要与总体构思一致,也就是在界面造型、线脚处理、用材用色等方面都需要与整体设想相符。客厅环境氛围的塑造、空间与界面的设计,是形成室内环境氛围的前提与基础。根据室内造型风格需要,也可以把局部墙面处理成仿石、仿古砖等较为粗犷的面层,适当配以绿化,使其具有田园风格或自然风格的氛围。

客厅是住宅的核心公共空间,界面材料要综合考虑使用耐久性、档次、风格等因素。常用的界面材料有大理石、地砖、木地板、墙布、艺术涂料等。

客厅设计案例如图 3.3、图 3.4 所示。

图 3.3　以会客为主的客厅设计

图 3.4　以家庭起居为主的客厅设计

3.2　卧室的设计

卧室是私人生活区域,是成人享受私密性权利的空间,是儿女成长的温室。理想的居家应该使家庭每一个成员皆拥有各自的私人空间,成为群体生活区域的互补空间,便于成员完善个性、自我解脱、均衡发展。卧室的主要功能是满足家庭成员睡眠休息的需要。一套住宅通常有一至数间卧室,根据使用对象在家庭中的地位和使用要求又可细分为主卧室、次卧室、儿童房、老人卧室、客房及保姆室等。在一般套型面积标准的情况下,卧室除作睡眠空间外,尚需兼作工作学习空间。

3.2.1　卧室平面尺寸与面积

卧室的开间尺寸为 2 700 ~ 4 200 mm,进深尺寸 3 300 ~ 5 400 mm。主卧室的适宜面积为 15 ~ 20 m²,不得小于 10 m²。次卧室的适宜面积为 6 ~ 12 m²,单人卧室不得小于 6 m²。

3.2.2　卧室常用家具与布置

卧室的家具主要有床、床头柜、衣柜,根据需要还可以布置电视柜、学习书桌、梳妆台、休息沙发等。面积允许时,主卧室可以设置独立的走入式衣橱或衣帽间。床可以是双人床、单人床乃至高低床。床及衣柜的基本尺寸如图 3.5、图 3.6 所示。

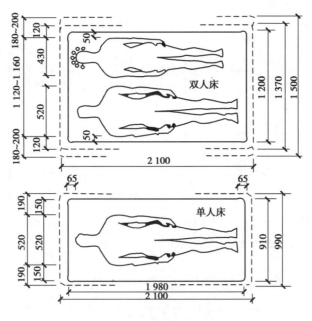

图 3.5 床的基本尺寸

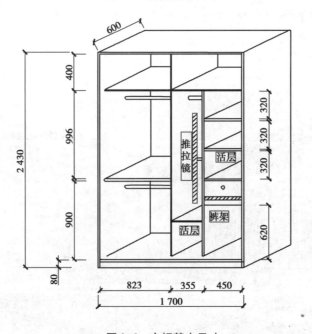

图 3.6 衣柜基本尺寸

3.2.3 卧室的空间设计

卧室平面功能一般包括布置睡眠区,布置储藏区,布置学习、休息区以及交通通行空间。在平面设计时,各个区域应尽可能紧凑、界限分明。由于使用要求和传统生活习惯,忌讳床对门布置,也不宜将床布置在靠窗处。床与墙、床与衣柜、床与电视柜等家具之间,应留出必要的活动和操作空间。卧室常规平面设计图如图 3.7 所示。

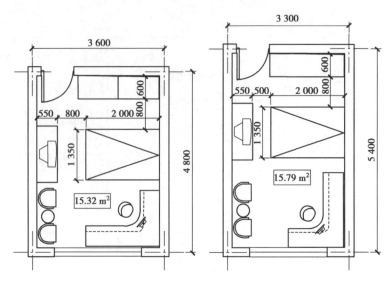

图 3.7 卧室常规平面设计图

卧室需要为居住者提供安静舒适的休息空间,空间形状宜方正,形状完整,避免异形。界面色彩宜淡雅,中性色彩为佳,避免过于跳跃、刺激。界面材料宜选择热工性能好、隔声性能好的材料,避免使用大面积镜面及金属材料。卧室使用空调时,还要注意位置和送风方式,空调送风方向应避开床头。

卧室常用到的界面材料包括木地板、地毯、木制墙板、墙布、墙面漆等。卧室设计案例如图 3.8、图 3.9 所示。

图 3.8 主卧室设计效果 1
光源以间接光为主,暖色木地板、中性色墙面营造出温馨感。

图 3.9　主卧室设计效果 2
面积允许时,卧室内可布置休憩区。

3.3　工作室的设计

　　工作室也称书房,设计方式、使用要求与业主的职业、文化习惯密切相关。工作室也是体现业主审美倾向、兴趣爱好,体现住宅室内设计风格倾向的重要空间,还是设计时需要重点打造的空间之一。

　　工作室的尺寸面积变化较大,一般的书房面积 9 ~ 12 m²,开间进深轴线尺寸 2 400 ~ 3 600 mm,短边最小净尺寸不宜小于 2 100 mm。

　　工作室的主要家具根据使用对象的不同有书桌椅、书柜架、计算机桌椅、工作台、书画桌等。书房设计案例如图 3.10 所示。

图 3.10　书房常用家具及布置方式

3.4 餐室的设计

　　餐室的主要家具为餐桌椅、酒柜及冰柜等。其最面积不宜小于 5 m²。其短边净尺寸不宜小于 2 200 mm，以保证就餐和通行的需要。餐厅布置时，餐椅与墙面之间距离必须考虑入座通行宽度，一般不小于 400 mm。通过式餐厅，还必须留出不小于 600 mm 的通道宽度。餐桌尺寸设计要求如图 3.11 所示。餐厅最小空间宽度不能达到要求时，可向相邻空间借面积以扩大餐厅宽度，如图 3.12 所示。

　　餐桌椅的常用形式为圆形、长方形、椭圆形、正方形等。

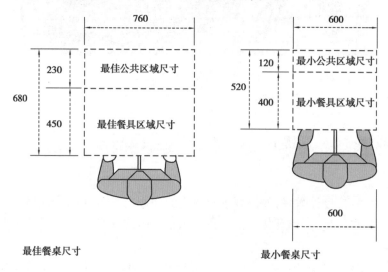

图 3.11　餐桌尺寸设计要求

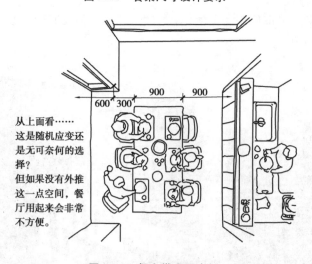

图 3.12　餐室借空间案例

3.4.1 圆形餐桌尺寸

圆形餐桌尺寸:二人位 600 mm、三人位 800 mm、四人位 900 mm(人均 700 mm)、五人位 1 060 mm、六人位 1 220 mm(人均 640 mm)、八人位 1 520 mm(人均 600 mm)、十人位 1 750 mm(人均 550 mm)、十二人位 1 900 mm(人均 500 mm)。

圆形餐桌较方形需要较大空间,一般适用于中式装修风格。圆形餐桌设计案例如图 3.13 所示。

图 3.13 中式餐厅常用圆形餐桌

圆形餐桌尺寸设计要求如图 3.14 所示。

3.4.2 方形餐桌尺寸

方形餐桌寸要求如图 3.15 所示。

长方形餐桌尺寸:二人位餐桌的尺寸大约为 760 mm × 600 mm;四人位餐桌的尺寸大约为长 1 060 ~ 1 450 mm,宽 600 ~ 800 mm;六人位餐桌尺寸为长 1 520 mm × 1 900 mm,宽 760 mm × 800 mm;八人位餐桌的尺寸大约为 1 820 mm × 760 mm。

直径900 mm的四人圆形餐桌尺寸

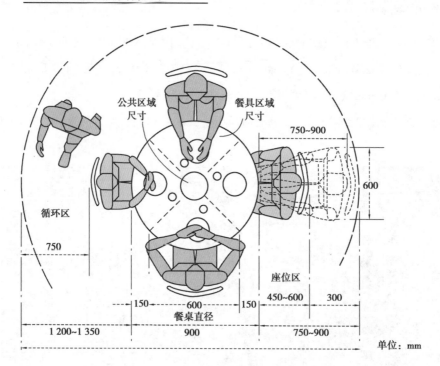

图 3.14　圆形餐桌尺寸设计要求

最小宽度表

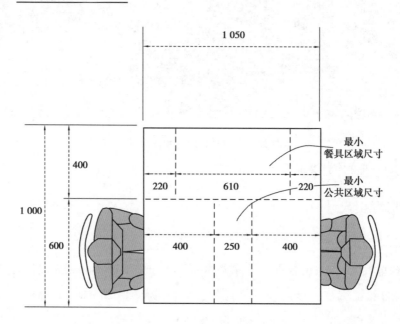

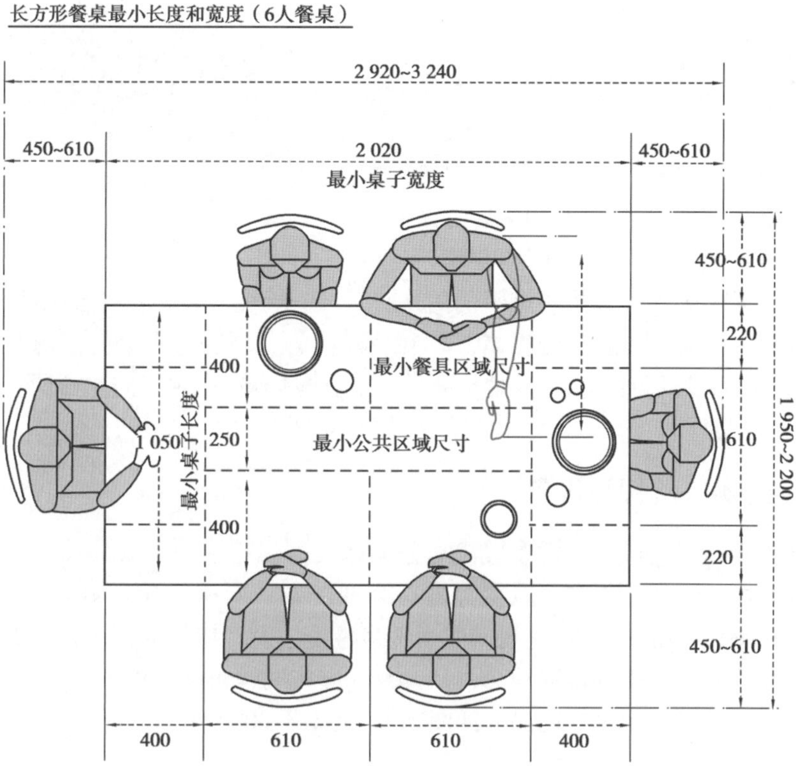

长方形餐桌最小长度和宽度（6人餐桌）

2 920~3 240

450~610　　2 020　　450~610
最小桌子宽度

450~610

220

400　　最小餐具区域尺寸

1 050
最小桌子长度　250　最小公共区域尺寸

610

400

220

450~610

1 950~2 200

400　610　610　400

图 3.15　方形餐桌尺寸设计要求

正方形餐桌尺寸:四人位餐桌的尺寸大约为 900 mm×900 mm,八人位餐桌的尺寸大约为 1 100 mm×1 100 mm。

方形餐桌设计案例如图 3.16 所示。

图 3.16　方形餐桌

3.5 厨房的设计

厨房是专门处理家务膳食的场所,它在居住者的家庭生活中占有很重要的地位。其基本功能有储物、洗切、烹饪、备餐以及用餐后洗涤整理等。

厨房既是设备密集和使用频繁的空间,又是产生油烟、水蒸气、一氧化碳等污染物的场所。使用液化气或者天然气等传统燃料的厨房,应注意通风等安全措施,给燃气管道和燃气表留出安全距离。随着生活水平的提高,户型面积的加大,厨房又可分为中厨和西厨。中厨一般设门,可以关闭,避免油烟窜入其他空间,将燃气炊具放在中厨空间。西厨一般为开放式空间,设置各种电炊具。

3.5.1 厨房的操作流程与设备

进行厨房设计时,设施、用具的布置应充分考虑人体工程学而对人体尺度、动作域、操作效率、设施前后左右的顺序和上下高度等进行合理配置。厨房的操作流程一般为:食品贮藏—清洗切配—烹调烧煮—备餐、进餐—餐后洗涤整理。设计应按此程序依次布置厨房设备和活动空间。特别是厨房中的洗涤池、案台和炉灶,应按洗、切、烧的程序来布置。

主要厨房设备及所需活动空间尺寸如图3.17至图3.20所示。

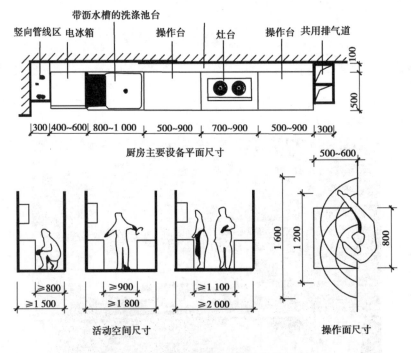

图 3.17 主要厨房设备及所需活动空间尺寸(一)

厨房操作台的长度

厨房设备及相	住宅内的卧室数量				
配的操作台	0	1	2	3	4
工作区域	最小正面尺度（mm）				
清洗池	450	600	600	810	810
两边的操作台	380	450	530	600	760
炉 灶	530	530	600	760	760
一边的操作台	380	450	530	600	
冰 箱	760	760			
一边的操作台	380	380	380	380	450
调理操作台	530	760			

注：三个主要工作区域之间的总距离：

A+B+C（见右图）

最大距离=6.71 m，最小距离=3.66 m

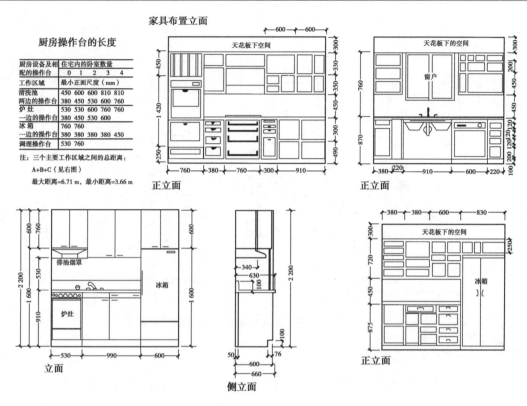

图 3.18　主要厨房设备及所需活动空间尺寸(二)

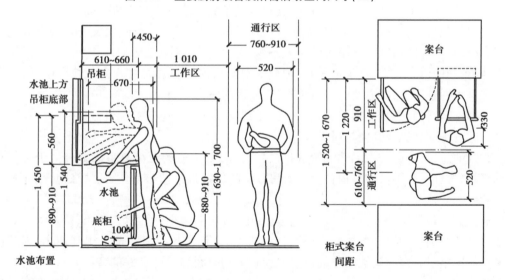

图 3.19　主要厨房设备及所需活动空间尺寸(三)

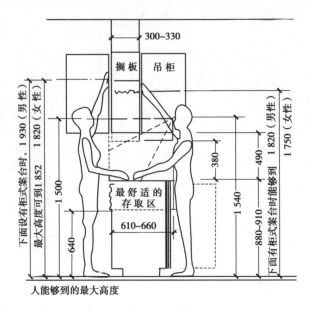

图 3.20　主要厨房设备及所需活动空间尺寸(四)

3.5.2　厨房的尺寸与布置方式

　　我国常用厨房面积以 4 ~ 6 m² 为宜,最小面积为 4 m²。厨房设备布置方式分为单排型、双排型、L 形、U 形,其最小平面尺寸如图 3.21 所示。单排布置设备时,厨房净宽≥1 500 mm;双排布置设备时,厨房净宽≥1 800 mm,其双排设备的净距不应小于 900 mm。

　　厨房面积虽小,但设备种类多,细部设计既要根据人体工效学原理,又要合理有效地利用空间,安排必要的储物容积。厨房内有上下水、燃气等各种管道及水表、气表等量具,如布置不当,既影响使用与安全,且很不美观,因此应对厨房内所有管线布置进行综合设计,宜设置水平和垂直的管线区,既方便管理与维修,又使室内整洁美观。

　　厨房排烟、气问题十分重要,除要有良好的自然通风外,还应考虑机械排烟、气措施,如在炉灶上方设排油烟机或其他排风设备等。

　　炉灶的位置,应充分考虑油烟废气排放的便捷,与烟道的距离靠近为好。由于必须布置抽油烟机,炉灶一般不放在靠窗位置。厨房靠窗的位置常常留给操作台、洗涤池,采光及观景效果较好。

　　厨房家电包括抽油烟机、换气扇、电饭煲、微波炉、消毒柜、电磁炉、冰箱、热水器等。随着生活水平的提高,烤箱、洗碗机、净水器、榨汁机、厨余垃圾粉碎机等逐渐得到使用,因此也必须考虑给这类设备留出足够的空间位置。为了节约空间和保证良好的装饰效果,常常把厨房电器组合在操作台、壁柜、吊柜等家具中。同时在设计时应充分考虑厨房电器的平台、空间、用电插座和给排水管道等。

　　厨房的各个界面应考虑防水和清洁,通常地面可采用陶瓷类地砖,墙面用防水涂料或面砖,平顶用白面防水涂料即可;厨房的照明应注意灯具的防潮处理,烧煮处在抽油烟机处,可设置灶台的局部照明。厨房常规设计效果如图 3.22 所示。

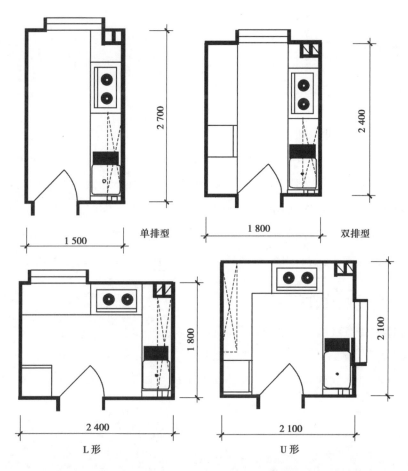

图 3.21　我国常用厨房布置图与尺寸

图 3.22　厨房常规设计效果图

3.6 卫生间的设计

住宅卫生间是一组处理个人卫生的专用空间。它应容纳如厕、洗浴、盥洗及洗衣4种功能,在较高级的住宅里还可包括化妆功能。在我国,住宅卫生间从单一的厕所发展到包括洗浴、洗衣的多功能卫生间。随着生活水平的提高,多功能的卫生间又将分离为多个卫生空间。

理想的住宅里卫生间应为卧室的一个配套空间,应为每个卧室设置一个卫生间,但事实上,目前多数住宅无法达到这个标准。在住宅中如有两间卫生间时,应将其中一间用作主人卧室专用,另外一间作公共使用。如只有一间时,则应设置在卧室区域的中心地点,以方便使用。卫生间可分为开放式(所有卫生设备同置一室)、分隔式(以隔断区分为数个单位)。

3.6.1 卫生间家具及设备尺寸

卫生间基本设备有洗面台、洗脸盆、便器(蹲式、坐式)、淋浴器、浴盆、洗衣机等,有时也把洗衣机、拖布池等布置在卫生间内。卫生设备的布置,要考虑卫生行为的合理空间尺寸。必须充分注意人体活动空间尺度的需要,仅能布置下设备而人体活动空间尺度不足,将会严重影响使用功能。卫生间家具尺寸设计要求如图3.23所示。

由于所有基本设备皆与水有关,给水与排水系统,特别是抽水马桶的污水管道,必须符合国家质检标准,地面排水斜度与干湿区的划分应妥善处理。

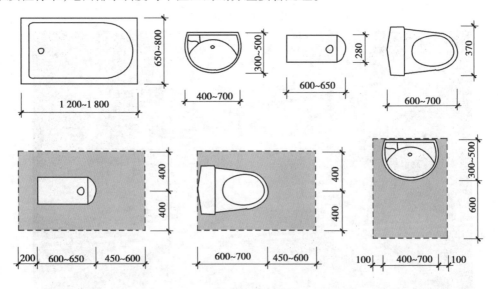

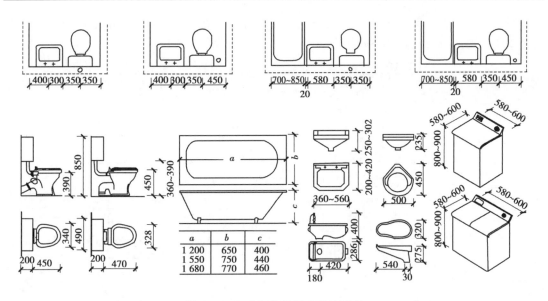

图 3.23　卫生间家具尺寸设计要求

3.6.2　卫生间的布置形式与尺寸

卫生间应按其使用功能适当地分离开来,以形成不同的使用空间,这样可以在同一时间使用不同的卫生设备,有利于提高功能质量。按小康标准,一户卫生间的总面积以 3 ~ 5 m²为宜,且不应小于 3 m²。

卫生间可以划分为 2 ~ 4 个功能空间,标准越高,划分越细。从居住实态调查分析,多数住户赞成将洗脸与洗衣置于前室,厕所和洗浴放在一起,有条件时可将厕所和洗浴也分开单独设置。条件较好时,一户之内也可设置两个甚至更多卫生间,即一般成员使用的卫生间、客人用卫生间、主卧室专用卫生间等。各种卫生间布置如图 3.24 所示。

厕所单独设置时,其净空也要符合要求,当门外开时为 900 mm × 1 200 mm,当门内开时为 900 mm × 1 400 mm。

浴室设备目前国内多使用淋浴和浴缸,与生活习惯有关,老人和小孩宜使用浴缸。淋浴的空间尺寸宽度不宜小于 800 mm,通常为 900 mm × 900 mm,800 mm × (1 200 ~ 1 400) mm。浴缸种类很多,有单人缸、双人缸、冲浪缸等,尺寸变化比较大,布置方式有嵌入式、靠墙式及独立式等。

3.6.3　卫生间的其他问题

卫生间应有通风、采光和取暖设施。在通风方面,利用窗户可取得自然通风,卫生间不能直接对外通风采光时,用抽风机也可获得排气的效果。应设置排气井道,并采用吊顶上的通风换气扇通风(用软管接入副井道),使浴厕间室内形成负压,气流由居室流入浴厕间。

采光设计上应设置普遍照明和局部照明形式,尤其是洗脸与梳妆区宜用散光灯箱或发光平顶以取得无影的局部照明效果。此外,冬季寒冷地区的浴室还应设置电热器或"浴霸"电热灯等取暖设备。

浴厕间中各界面材质应具有较好的防水性能,且易于清洁,地面防滑极为重要,常选用的地面材料为陶瓷类防滑地砖,墙面为防水涂料或瓷质墙面砖,吊顶除需有防水性能外,还需考虑便于管道检修,如设铝合金板吊顶。

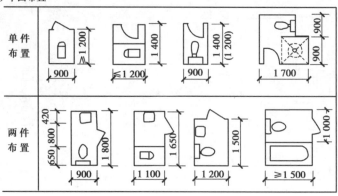

(a)平面布置

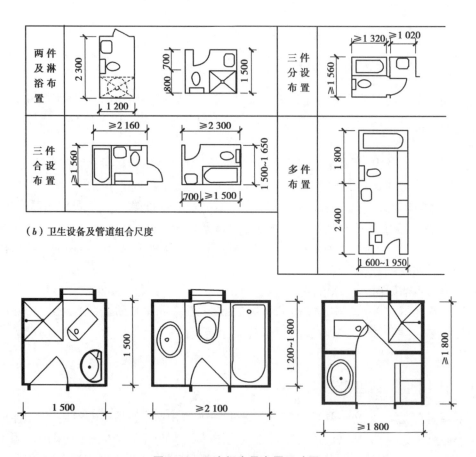

(b)卫生设备及管道组合尺度

图3.24　卫生间家具布置尺寸图

卫生间的内部应考虑手纸盒、肥皂盒、挂衣钩、毛巾架等的位置。卫生间门下部宜做进风百叶窗,以利于换气。

卫生间内与设备连接的有给水管、排水管及热水管,需进行管网综合设计,使管线走向短捷合理,并应隐蔽,以利美观。给排水横管位置、地漏位置,特别是立管位置均应与设备工种统筹考虑设计。

浴室热水水源通常采用燃气热水器、燃气锅炉或电热水器。燃气热水器使用较普遍,由于其燃烧时大量耗氧,并释放一氧化碳等有害气体,因此不能设置于卫生间内,应设置于卫生间外通风良好的地方。电热水器可设在卫生间内,其位置应注意使用安全,并应有良好接地,避免漏电事故。

卫生间设计案例如图 3.25 所示。

图 3.25　卫生间设计实例图

3.7　交通联系空间及其他辅助空间的设计

交通联系空间包括门斗或前室、过道、过厅及户内楼梯等,设计宜在入户处设置门斗或前室(玄关),可以起到户内外的缓冲与过渡作用,对于隔声、防寒和避免视线干扰有利,还可作为换鞋、存放雨具、挂衣等空间。前室还可作为交通流线分配空间。门斗的设置尺寸其净宽不宜小于 1 200 mm,并应注意搬运家具的可能。

过道或过厅是户内房间联系的枢纽,其目的是避免房间穿套,并相对集中开门位置,减少起居室墙上开门数量。通往卧室、起居室的过道净宽不宜小于 1 000 mm。通往辅助用房时不应小于 900 mm。

当一户住房分层设置时(如跃层),垂直交通联系采用户内楼梯。楼梯可以设置在楼梯间内,也可以与起居室或餐室结合在一起,既可节省空间,又可起到美化空间的作用。户内楼梯可以有单跑、双跑、三跑及曲尺形、弧形等多种形式(图 3.26),可根据套型空间的组合情况选用。梯段净宽当一边凌空时不应小于 750 mm,当两边为墙时,不应小于 900 mm。梯级踏步宽度应不小于 220 mm,高度不大于 200 mm。扇形踏步在内侧 250 mm 处的宽度不应小于 220 mm。

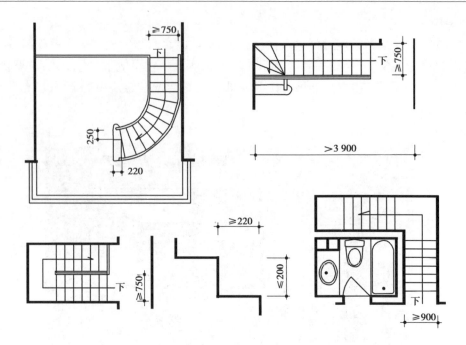

图 3.26　楼梯形式

对于住宅室内设计,设计好洗衣晾晒、储藏、清洁等家庭日常生活行为所需要的空间,具有特殊和重要的意义。

晾晒空间通常设置在服务阳台,应注意选择朝向,同时注意私密性及景观效果。洗衣空间通常结合晾晒设计,将洗衣机隐藏在壁柜中,需要时,可以设置独立的洗衣槽。将洗衣机放在有干湿分区的卫生间里,也是常见的设计方法。在较大的户型中,往往设计独立的洗衣间,设置 2 个洗衣机,并结合熨烫、整理等家务活动,做成组家具及操作台。

清洁空间包括抹布、拖布清洗晾晒等功能区,属于住宅的"污区",面积往往不需要很大,但是对家庭卫生影响较大,可以结合卫生间、服务阳台、洗衣间等同样有用水需求的房间整体设计。

家庭生活中,需要储藏的物品种类比较多,包括衣物、书籍、日常用品、玩具、副食干货、烟酒、器具、纪念品、收藏品等等。需要的储藏空间及储藏方式也比较多。储藏的方式包括专用储藏室及各类家具,如衣柜、酒柜、餐具柜、壁柜、壁橱、吊柜等。住宅室内设计时,应善于利用空间,分类设计储藏空间,如拆除部分墙体,利用墙体厚度嵌入壁橱、壁柜、壁龛等;利用高度空间,设置吊柜、吊顶暗藏收纳空间等;利用床下或榻榻米下空间,设置储物箱、储物暗格等。随着生活水平的提高,人均住宅面积的增大,住宅人均储藏空间呈逐渐增加的趋势,一般不小于 $2.5 \sim 3.5 \ m^3$/人。

4

住宅室内设计风格与表现手法

    室内设计风格是社会经济、自然条件、人文环境与人类情感综合作用下的设计形态。风格一词,南朝刘勰的《文心雕龙》就曾提及,指的是文章的风范格局,而后就广泛应用于艺术作品的品评,用来指某一类艺术作品所呈现出的独特面貌,具有整体性和代表性两大特征。风格不是某一艺术家所表现出的艺术特征或个性,而是沉淀在某一类艺术作品中的稳定、内在、深刻而本质的特征,能充分反映特定时代、特定民族、特定地域的艺术思想观念、审美理想和精神气质。因此,风格是文化的载体。

    室内设计风格派生于建筑风格,指以不同的民族背景、文化背景和地域特色为依据所表现出来的一种设计形态,通过各种设计元素的应用达到室内环境的功能性和艺术性要求,并营造出特有的室内空间氛围。任一典型室内风格的形成,都与社会经济、自然条件及人文因素有着密切的关系,并由于设计师和业主审美喜好的差异,具有各种不同的表现形式。

    室内设计风格多种多样,可按照历史、地域、民族、表现手法等分类方法进行分类。日常常用的设计风格包括传统中式风格、新中式风格、日式风格、东南亚风格、古典欧式风格、新古典风格、美式乡村风格、地中海风格、北欧风格、现代简约风格、工业风格等等。

    无论是欧式、简约、现代或新中式,每一种室内设计风格都是某一类型文化内涵的表现形式,任何一种室内设计风格从发生、发展到成熟都离不开社会经济的发展,离不开文化的支撑。

    设计风格的确定和设计师的设计理念紧密联系。设计理念是设计师在空间作品构思中所确立的主导思想,它赋予了作品风格特点和文化内涵。好的设计理念不仅是设计的精髓所在,而且能令设计作品更具专业化和个性化。如今的各类设计艺术都呈现出多元化的特点,室内设计倡导的是"以人为本"的设计理念,针对客户年龄、职业、爱好、文化层次等实际情况,努力做到"因人而异"的个性化设计。

设计风格和设计理念的确定，还直接影响空间表情的演绎，拥有良好设计理念的设计师能通过设计方案营造出设计师与客户共同期望的空间表情；而设计师设计理念的合理性、可行性也是通过最终所营造的空间表情是否能引起共鸣来验证的，它成为评判设计作品成功与否的重要标准。空间表情是设计师通过空间分割、造型设计、色彩表现、气氛营造等手法来传达特定情感信息的手段。人如果失去了表情，就变得麻木而枯燥，生命也就没有了光彩；而空间如果失去了表情，我们的生活环境就会变成一个无趣无味的世界，更谈不上环境的艺术化和生活的高质量。人的表情有喜、怒、哀、乐，而空间的表情则有热情、平静、温暖、冷峻、奢华、简约、华丽等。每一种空间表情对使用者来说都有着特定的意义，它既能满足使用者的心理诉求，又能传达一种特有的艺术美感信息。

在选择设计风格时，除考虑设计理念、业主喜好之外，一般还应遵循以下过程：

①查找不同的装饰风格资料，包括图片、现场、样板间等，通过与业主商量和反复对比，选择业主比较满意的装修风格，此时不用过多地考虑房屋类型、面积、经济等种种情况。

②将业主喜欢的元素和物品进行拼凑，从点到面地描绘出业主心目中的设计风格。

③根据材料来选择风格。比如地板、墙纸、家具材料等，现在材料市场在展示材料样品时，同样也制作了装饰实体空间，可以参照材料搭配，确定业主喜欢的装修风格。

④需要根据资金、户型、面积、结构、时间等几个方面决定装修风格。这也是关键的一步，如果业主选择的风格与这几个方面有冲突，那么实施过程中就会遇到较多困难。尤其是经济因素，不同的装修风格所需要花费的造价不一样。

根据现在人们的居住条件，大多数人喜爱以下几种风格：中式风格、欧式风格、现代风格、北欧风格、地中海风格、工业风格等，以下将对主要风格做详细介绍。

4.1 中式风格

中式风格是指以中国古典建筑为代表的室内装饰设计艺术风格，气势恢宏、壮丽华贵、高空间、大进深、金碧辉煌、雕梁画栋，造型讲究对称，色彩讲究对比，装饰材料以木材为主，图案多龙、凤、鹤、鹿等，精雕细琢、瑰丽奇巧。但中式风格的装修造价较高，且缺乏现代气息，只能在家居中点缀使用。中式风格的代表是中国明清古典传统家具及中式园林建筑、色彩的设计造型。中式风格的特点是对称、简约、朴素、格调雅致、文化内涵丰富，中式风格家居能体现主人的较高审美情趣与社会地位。

中式风格根据表现形式又可以分为宫廷风格、华北民居风格、江浙民居风格等典型代表。

4.1.1 空间造型

中式风格空间设计最具魅力之处是其内在气质。对于家居而言，传统中式风格始于空间型制设计。正因为建筑的围合是一种艺术，所以我们在不同大小空间里的感觉是不一样的。观察传统的中式民居，大多是围合院落式布局，一般包含厅堂、卧房、书房3个主要区域。整体布局方面暗含礼制，功能如何与长、宽、高形成适宜比例，室内装饰格局等所形成的气场是否圆通等都是中式风格空间设计需要重视的。

在古典中式风格的室内设计中，布局设计需内外有别、尊卑有序、讲究对称等。在传统礼仪中,中间位置须是主人或者长者、有身份的人的座位,两边的位置则是客人或者晚辈的座位。那么一般喜欢古典中式风格装修的人,通常会遵循这样的秩序来进行空间布局,这不仅与其自身的文化层次和个人喜好相关,同时与自古流传下来的文化礼仪有很大关联。由此可以看出,中式风格很多是从文化角度来划分空间功能的。

总体来说,中式风格的空间结构和造型大多以木材为主要材料,其造型或布局组合方式多以对称形式呈现,如图4.1、图4.2所示。当然,在中式风格空间分隔方面,还有一点需要重视,那就是虚实。中式空间讲究"隔断",而这种隔断,目的并不在于把空间切断,而是希望产生"隔而不断"的朦胧感。碧纱橱、屏风、博古架、帷幕等,不但能达到"隔而不断"的目的,而且其本身所具有的造型美也有很强的装饰性。如图4.3—图4.6所示。

图4.1　对称形式的运用(一)

图4.2　对称形式的运用(二)

图4.3　"隔断"的运用(一)

图4.4　"隔断"的运用(二)

图4.5　"隔断"的运用(三)

图4.6　"隔断"的运用(四)

4.1.2　色彩搭配

现代中式室内设计的色彩,更多的是在传承传统色彩文化。我国传统色彩文化主要由原始色彩文化、五行五色体系、儒家色彩文化、道家色彩文化、佛家色彩文化共同组成,它们以其独特的表现方式对当时人们的服饰以及建筑室内色彩的选择都产生了深远的影响。中式风格室内色彩设计重视红色、原色的使用,重视色彩的心理效应,重视无彩色的使用,重视色彩的情感表达。在这样一种指导思想之下,中式风格室内设计的家居色彩大多偏向原木色、红色、棕色。但试想一下,如果室内大面积都是深色,那一定会形成一种很压抑的感觉。所以在设计过程中对色彩的使用位置和比例需要进行严谨的控制,或者使用其他色彩进行调和,或者利用灯光设计进行修饰。不过现代中式风格,也就是新中式风格,其色彩往往较古典中式风格清淡,如图4.7—图4.10所示。

图4.7　新中式风格色彩搭配(一)　　　　图4.8　新中式风格色彩搭配(二)

图4.9　新中式风格色彩搭配(三)　　　　图4.10　新中式风格色彩搭配(四)

4.1.3　材料选用

中式风格使用的材料以木材为主,以丝织物、壁纸、大理石等为辅。

其中木材伴随着中国传统民居的悠久历史,延传至今,只要是中式设计便少不了木材的运用。大到吊顶、屏风、墙体造型,小到茶几、圈椅等装饰物品,几乎都用木材制造,而且多以花梨木、檀木为主,如图4.11所示。丝织物在中式风格室内设计中一般起到活跃整体空间气氛,为生活空间增添灵动气息的作用,不过在图案选择方面,多以素朴典雅为主,如图 4.12 所示。大理石因其色彩丰富,经久耐用,在中式风格室内设计中常用作地面铺装,偶尔用在背景墙、隔断设计中,如图 4.13 所示。壁纸在中式风格室内设计中多与整体装饰色调相呼应,图案选择方面亦是如此,如图 4.14 所示。

图 4.11 木材在中式风格中的选用

图 4.12 丝织物在中式风格中的选用

图 4.13 大理石在中式风格中的选用

图 4.14 壁纸在中式风格中的选用

4.1.4 陈设与配饰

家居陈设与配饰被室内空间设计师广泛地应用到家居空间设计中,而且二者的作用也越来越重要。我们可以根据美的形式法则研究出配饰品设计的美学原则及其审美价值,并从平面、色彩、立体构成等方面着手,研究其在配饰品方面的应用。室内配饰发挥着传达空间内涵的重要作用,并通过室内设计赋予空间特定的精神内涵。在中式风格的室内设计中,陈设与配饰除了与整体协调搭配,还有一点需要特别注意,那就是装饰物本身的来历及使用范畴和寓意。由于中国传统文化中很讲究寓意吉祥,因此摆放的东西切莫让人感觉"张冠李戴",丢失原本的高雅情趣。中式风格强调寓意、意境、韵味,那么好的陈设及配饰就可以达到事半功倍的效果,如图 4.15—图 4.18 所示。

图4.15　中式风格陈设与配饰(一)　　　　图4.16　中式风格陈设与配饰(二)

图4.17　中式风格陈设与配饰(三)

图4.18　中式风格陈设与配饰(四)

4.1.5　案例赏析

现代中式风格更多地利用了后现代手法,如在墙上挂一幅中国山水画,在书房里设置传统书柜、书案以及文房四宝等。中式风格的客厅具有内蕴的特征,为了舒服,中式环境中也常常用到沙发,但颜色仍然体现中式的古朴,中式风格这种表现使整个空间传统中透着现代、现代中糅着古典。这样就以一种东方人的"留白"美学观念控制的节奏,显出大家风范,其墙壁上的字画无论数量还是内容都不在于多,而在于它所营造的意境。可以说,无论"西风"如何劲吹,舒缓的意境始终是东方人特有的情怀,而书法、中国山水画常常是成就这种诗意的最好手段。

中式风格设计案例如图4.19—图4.21所示。

图4.19　新中式风格设计案例(一)

图4.20　新中式风格设计案例(二)

图4.21　新中式风格设计案例(三)

4.2　欧式风格

　　欧式风格的室内设计以华丽的装饰、浓烈的色彩、精美的造型以及雍容华贵的效果受到广大业主的青睐。欧式风格一般多用于别墅、会所、酒店项目中,在一般公寓中,常常将欧式风格进行提炼,表现得更为简洁,由此出现了简欧风格。

4.2.1　空间造型

　　欧式风格室内设计传承西方园林设计的精髓——人工美。在处理欧式风格的室内空间时,不仅布局规则、严谨,而且偏向于图案化。空间中各个部分的关系非常明确,边界和空间范围一目了然,空间序列段落分明,给人秩序井然、清晰明确的印象。不过欧式风格适合大空间的房子,这样可以将空间气势展现出来,若空间太小,在布局方面不占优势,还会给人一种压迫感。欧式风格室内设计如图4.22—图4.25所示。

4.2.2　色彩搭配

　　欧式风格的色彩纯粹而艳丽,这与其源于欧洲贵族密切相关,在欧式风格室内设计中,处处流淌着欧洲贵族情结。欧式风格室内设计中常常将白色或其他淡色作为底色,然后在此基础上搭配深色家具或者装饰框,使得层次分明。比如欧式风格室内家具的选择可以以金色为主,若是居住者更偏向于现代欧式,那么可以选择米黄色、白色兼具柔美花纹图案的暖色系家具;窗帘可以选择类似于家具的金色、棕褐色、暖红色;地毯的颜色通常是红褐色系或者棕色系;除此之外,欧式风格中的挂画边框颜色选择也很重要,必须与室内整体色彩协调,一般是金色或者棕褐色。欧式风格色彩搭配如图4.26—图4.29所示。

图 4.22　欧式风格室内设计(一)

图 4.23　欧式风格室内设计(二)

图 4.24　欧式风格室内设计(三)

图 4.25　欧式风格室内设计(四)

图 4.26　欧式风格色彩搭配(一)

图 4.27　欧式风格色彩搭配(二)

图 4.28　欧式风格色彩搭配(三)

图 4.29　欧式风格色彩搭配(四)

4.2.3 材料选用

欧式风格室内材料常常用到的有石膏线、石材、铁艺、玻璃、壁纸、涂料等。其中石膏线多用于造型,比如吊顶、装饰线、门窗造型、罗马柱等;石材一般用于地面或者墙面装饰;铁艺多用于栏杆或者吊灯上,有时也会有许多铁艺装饰物品;玻璃是指区别于一般窗户玻璃的材料,多以带花纹或者有特别色彩的镜面呈现;壁纸在欧式风格中运用较多,在现代欧式中多是条纹或者碎花,古典欧式中则多出现圣经故事以及人物等内容。涂料往往用花纹、肌理、质感突出的厚质涂料。总之,欧式风格的材料选择多追求华丽、精美。欧式风格室内材料的运用如图4.30—图4.34所示。

图4.30 欧式风格室内材料的运用(一)

图4.31 欧式风格室内材料的运用(二)

图4.32 欧式风格室内材料的运用(三)

图4.33 欧式风格室内材料的运用(四)

图 4.34　欧式风格室内材料的运用(五)

4.2.4　陈设与配饰

欧式风格中的家具与硬装上的欧式细节应该是相匹配的。例如,暗红色的大沙发带有西方复古图案以及非常西化的造型,棕色实木边桌及餐桌椅上有着精细的手雕图案。欧式家具为古典弯腿式,大多有花纹、雕饰、描金,同时搭配华丽的窗帘、挂画、绣布装饰等。欧式风格中常见的柱子样式一般为古希腊多立克柱、古希腊爱奥尼克柱和古希腊科林斯柱。门窗通常用拱和柱相结合的造型。水晶灯饰是欧式风格的不二选择,它能显出高贵典雅,流光溢彩,能衬托出辉煌的氛围。欧式风格室内陈设与配饰如图 4.35—图 4.38 所示。

图 4.35　欧式风格室内家具

图 4.36　欧式风格室内装饰柱

图 4.37　欧式风格室内灯具

图 4.38　欧式风格室内陈设

4.2.5　案例赏析

　　欧式装饰风格在我国已发展得很成熟,与传统中式风格相比,显得新颖、有个性。"装饰"可以根据居室空间的大小、形状,主人的生活习惯、兴趣爱好,以及各自的经济情况,从整体上综合策划装饰、装修的设计方案,体现主人的个性品位,而不会"千家一面"。欧式风格装修设计案例如图4.39—图4.42所示。

图4.39　欧式风格装修设计案例(一)

图4.40　欧式风格装修设计案例(二)

图4.41　欧式风格装修设计案例(三)

图4.42　欧式风格装修设计案例(四)

4.3　现代风格

现代风格室内设计重视功能和空间组织,注重发挥结构构成本身的形式美,造型简洁,反对多余装饰,崇尚合理的构成工艺;尊重材料的特性,讲究材料自身的质地和色彩的配置效果;强调设计与工业生产的联系。

4.3.1　空间造型

现代风格室内空间要求宽敞、明亮,造型方面多采用几何结构。在空间平面设计中不受承重墙制约,功能至上。室内墙面、地面、顶棚以及家具陈设乃至灯具器皿等均以简洁的造型、纯洁的质地、精细的工艺为特征。在空间和造型方面更多地强调功能性设计,现代风格室内空间设计案例如图4.43—图4.46所示。

图4.43　现代风格室内空间设计案例(一)　　图4.44　现代风格室内空间设计案例(二)

图4.45　现代风格室内空间设计案例(三)　　图4.46　现代风格室内空间设计案例(四)

4.3.2　色彩搭配

现代风格家居的空间,色彩通常非常跳跃。高纯色彩的大量运用,大胆而灵活,不单是对现代风格家居的遵循,也是个性的展示。现代风格的色彩搭配通常以黑白灰色为主,有时候可以适当采用亮色进行点缀。比如天花板和墙面使用白色,家具也以白色为主,那么沙发可以搭配黑色,窗帘用蓝白相间的印花布,地毯可以使用红色,虽然颜色对比强烈,但是有了白色调和便不会显得刺眼。现代风格还有一种常用搭配色系,比如沙发、天花板均采用灰色调,搭配橙色地毯,黄白相间的窗帘、床罩等布艺,再加上绿色植物的衬托,由此可以令居室充满轻快惬意的气氛。现代风格室内色彩搭配案例如图4.47—图4.50所示。

图 4.47 现代风格室内色彩搭配案例(一)

图 4.48 现代风格室内色彩搭配案例(二)

图 4.49 现代风格室内色彩搭配案例(三)

图 4.50 现代风格室内色彩搭配案例(四)

4.3.3 材料选用

现代风格室内设计一般使用大量纯色建材,让客厅显得个性而不张扬。客厅地面多使用深灰色仿古地砖,墙面使用白色乳胶漆,能与地面的深灰色地砖形成鲜明对比。在现代风格室内中,常常选用简洁的工业产品,玻璃、金属等材料随处可见,能给人带来前卫、不受拘束的感觉。总之,新技术和新材料的合理应用是至关重要的。现代风格室内材料的运用如图4.51—图 4.54 所示。

图 4.51 现代风格室内材料的运用(一)

图 4.52 现代风格室内材料的运用(二)

图 4.53　现代风格室内材料的运用(三)

图 4.54　现代风格室内材料的运用(四)

4.3.4　陈设与配饰

　　现代风格家居中,一张沙发、一个茶几、一个酒柜的客厅都能显得相当的繁华热闹。家具选择上强调形式服从功能,一切从实用角度出发,多余的附加装饰点到为止。一般情况下选用白亮光系列的家具,其自身所带的独特光泽能使家具更加时尚。另外,现代风格对功能的追求,也使得家具在选择和定制的过程中比较注重家具具有不占面积、折叠、多功能等方面的性能。总的来说,现代风格的家具简约而不简单,每一项都是在设计师深思熟虑之后创新出来的,既美观又实用。在配饰方面,用一些简单的线条便能设计出极富创意和个性的饰品,为整体空间增添不少新意。现代风格室内陈设与配饰案例如图 4.55—图 4.58 所示。

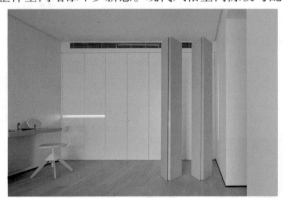

图 4.55　现代风格室内陈设与配饰案例(一)

图 4.56　现代风格室内陈设与配饰案例(二)

图 4.57　现代风格室内陈设与配饰案例(三)

图 4.58　现代风格室内陈设与配饰案例(四)

4.3.5 案例赏析

现代人面临着城市的喧嚣和污染、激烈的竞争、快节奏的生活。因而,更加向往清新自然、随意轻松的居室环境。所以越来越多的人开始摒弃繁缛豪华的装修,力求拥有一种自然简约的居室空间。此设计从新时代年轻人的角度出发,以黄色为主色调,灰白色为辅,利用金属、原木等元素体现出业主的追求。现代风格室内设计案例如图4.59—图4.62所示。

图4.59 现代风格室内设计案例(一)

图4.60 现代风格室内设计案例(二)

图 4.61　现代风格室内设计案例(三)

图 4.62　现代风格室内设计案例(四)

4.4　北欧风格

北欧风格是指欧洲北部国家挪威、丹麦、瑞典、芬兰及冰岛等国的艺术设计风格。之所以将其单独列出来,是因为北欧风格在年轻一代生活中扮演着非常重要的角色,大部分年轻人都喜欢此种风格。

4.4.1 空间造型

北欧风格的空间造型继承了原有的尖屋顶、斜屋面、石木结构,在此基础上增加了大面积的采光玻璃及现代派钢结构。其结构简单实用,没有过多的造型装饰。原始石材面及木纹暴露于室内,但其主题又偏向于现代钢木结构,室内效果形成了现代与古典相结合的效果。北欧风格室内空间造型如图4.63—图4.66所示。

图4.63 北欧风格室内空间造型(一)

图4.64 北欧风格室内空间造型(二)

图4.65 北欧风格室内空间造型(三)

图4.66 北欧风格室内空间造型(四)

4.4.2 色彩搭配

北欧风格室内设计常常在不经意的搭配之间产生光彩夺目的效果,一切宛如浑然天成般。任何一个空间,总有一个视觉中心,而这个中心的主导者就是色彩。北欧风格色彩搭配之所以令人印象深刻,是因为它总能获得令人视觉舒服的效果——不用纯色而多使用中性色进行柔和过渡,即使用黑白灰营造强烈效果,也总有稳定空间的元素打破它的视觉膨胀感,比如用素色家具或中性色软装来压制。北欧风格室内设计的色彩搭配如图4.67—图4.70所示。

图4.67 北欧风格室内色彩搭配(一)

图4.68 北欧风格室内色彩搭配(二)

图 4.69 北欧风格室内色彩搭配(三)　　　图 4.70 北欧风格室内色彩搭配(四)

4.4.3 材料选用

北欧风格室内设计中,木材是灵魂。上等的枫木、橡木、云杉、松木和白桦是制作各种家具的主要材料,它们本身所具有的柔和色彩、细密质感以及天然纹理非常自然地融入家具设计之中,展现出一种朴素、清新的原始之美,代表着独特的北欧风格。除此之外,布艺在北欧风格中的运用亦是非常广泛的,木材和布艺的结合能为整个室内空间带来舒适、安逸的享受。北欧风格室内设计材料如图 4.71—图 4.74 所示。

图 4.71 北欧风格室内材料选用(一)　　　图 4.72 北欧风格室内材料选用(二)

图 4.73 北欧风格室内材料选用(三)　　　图 4.74 北欧风格室内材料选用(四)

4.4.4 陈设与配饰

北欧风格室内设计在家具方面,区别于欧式风格的是其基本不使用充满雕花、纹饰的产品,虽然家具形式丰富多样,但是一定是简洁、直接、功能化且贴近自然的。在北欧风格室内中,我们常常可以见到华美的布艺以及纯手工的制作。碎花、条纹、苏格兰格,每一种布艺都带有十足的地域特色。北欧风格室内陈设与配饰如图 4.75—图 4.78 所示。

图 4.75 北欧风格室内陈设与配饰(一)

图 4.76 北欧风格室内陈设与配饰(二)

图 4.77 北欧风格室内陈设与配饰(三)

图 4.78 北欧风格室内陈设与配饰(四)

4.4.5 案例赏析

北欧风格室内设计摒弃虚华设计,追求自然的艺术智慧与灵感,讲究以人为本,把注重舒适体验度放在首位,风格简洁、直接、功能化且贴近自然,多体现生命力多维度工业艺术品。无论是色彩还是材料的搭配,都比较柔和。北欧风格室内设计案例如图 4.79—图 4.82 所示。

图4.79   北欧风格室内设计案例(一)

图4.80   北欧风格室内设计案例(二)

图 4.81　北欧风格室内设计案例(三)

图 4.82　北欧风格室内设计案例(四)

4.5　地中海风格

　　地中海风格的设计在我国深受人们喜爱,"蔚蓝色的浪漫情怀,海天一色、艳阳高照的纯美自然"是地中海风格的灵魂。地中海风格的设计带给人的第一感觉就是阳光、海岸、蓝天,仿佛沐浴在夏日海岸明媚的气息里。它的特点是简单、明亮、大胆、色彩丰富、具有明显的特色。

4.5.1　空间造型

　　地中海风格在室内设计中常常用到拱形元素,如:过道处采用数个拱形连接或垂直相交的方式,营造出延伸般的透视感。起居室的电视机背景墙、过道背景墙等都用拱形或马蹄状来装饰,处理特别细腻精巧,又能贴近自然的脉动,使其充满了生命力。地中海风格室内空间设计案例如图4.83—图4.86所示。

图4.83 地中海风格室内空间设计(一)

图4.84 地中海风格室内空间设计(二)

图4.85 地中海风格室内空间设计(三)

图4.86 地中海风格室内空间设计(四)

4.5.2 色彩搭配

地中海风格在室内设计中对纯美色彩的运用极为大胆,这是因为在地中海附近的一些国家,多有蔚蓝色的海岸和白色沙滩,还伴有纯白色的村庄,在碧海蓝天下十分梦幻。地中海风格在整体的色彩方面多以白和蓝为主,一般起居室采用白色调;门框、窗户、椅面、窗帘布、桌布与沙发套均以蓝白色调、格子条纹为主。另外地中海风格还喜欢用黄、蓝紫和绿色搭配,土黄及红褐色搭配,这些色彩都来源于地中海地区独特的自然气候和天然景观。地中海风格室内色彩搭配如图4.87—图4.90所示。

图4.87 地中海风格室内色彩搭配(一)

图4.88 地中海风格室内色彩搭配(二)

图 4.89 地中海风格室内色彩搭配(三)　　图 4.90 地中海风格室内色彩搭配(四)

4.5.3 材料选用

　　地中海风格的常用材料除做饰面、吊顶及其他造型所用到的轻钢龙骨、木龙骨和纸面石膏板、装饰石膏板等外,还多用到偏蓝色、白色的乳胶漆,另外,其主材还会根据风格要求去选择,浴室用马赛克,地砖多用仿古砖,也可用木地板。地中海风格室内材料选用案例如图4.91—图 4.94 所示。

图 4.91 地中海风格室内材料选用案例(一)　　图 4.92 地中海风格室内材料选用案例(二)

图 4.93 地中海风格室内材料选用案例(三)　　图 4.94 地中海风格室内材料选用案例(四)

4.5.4　陈设与配饰

　　地中海风格在饰品搭配上,多用鹅卵石、马赛克镶嵌、拼贴创意组合,配以独特的锻打铁艺家具,地面铺赤陶或石板。如:餐厅的地面拼花、玄关的地面拼花等通过拼贴创意组合;在起居室、客厅、卧室摆上一盆植物;在沙发上摆放色彩明亮的靠枕;家具用线条简单且修边浑圆的木质家具等都非常醒目而秀气,显得生活别有趣味。地中海风格在装饰手法上充分依靠色彩、植物、灯光等各种元素来营造整体氛围。地中海风格室内陈设与配饰如图4.95—图4.98所示。

图4.95　地中海风格室内陈设与配饰(一)

图4.96　地中海风格室内陈设与配饰(二)

图4.97　地中海风格室内陈设与配饰(三)

图4.98　地中海风格室内陈设与配饰(四)

4.5.5　案例赏析

　　地中海风格室内设计常运用拱形作为电视墙,打造一个地中海式的镜中窗;色彩上运用蓝白相配,蓝中又有绿色穿插,整体给人舒畅、平静、放松的感觉;在家具材料上主要运用原木、墙布、玻璃和石材。地中海风格室内设计案例如图4.99—图4.102所示。

图 4.99 地中海风格室内设计案例(一)

图 4.100 地中海风格室内设计案例(二)

图 4.101 地中海风格室内设计案例(三)

图 4.102 地中海风格室内设计案例(四)

　　地中海风格特色明显,比较容易把握设计元素,不论使用何种设计手法,均可达到想要的效果,如图 4.103—图 4.106 所示。

图 4.103　地中海风格效果图(一)　　　　　图 4.104　地中海风格效果图(二)

图 4.105　地中海风格效果图(三)　　　　　图 4.106　地中海风格效果图(四)

4.6　工业风格

　　工业风格来源于工业革命所带来的朋克文化,具有粗犷、神秘的特质,特别让年轻一代着迷。起初这种风格多见于工装室内设计之中,现在逐渐融入家庭装修,受到越来越多人的青睐。

4.6.1　空间造型

　　工业风格室内设计中常用砖墙取代单调的粉刷墙面,砖块与砖块中的缝隙可以呈现有别于一般墙面的光影层次,而且又能在砖头墙面上进行粉刷,不管是涂上黑色、白色还是灰色,都能为室内空间带来一种老旧又摩登的视觉效果,十分适合工业风格装修的粗犷氛围。除此之外,工业风格之中还常用到水泥墙,区别于砖墙的复古感,水泥墙更能体现一种沉静与现代感,为室内空间带来一份静谧与美好。工业风格的空间造型多遵循建筑本身,越自然越好,越体现"旧"文化越好。工业风格室内空间设计如图 4.107—图 4.110 所示。

图4.107 工业风格室内空间设计(一)

图4.108 工业风格室内空间设计(二)

图4.109 工业风格室内空间设计(三)

图4.110 工业风格室内空间设计(四)

4.6.2 色彩搭配

工业风格中的色彩一般以黑白灰为主,黑色神秘冷酷,白色优雅轻盈,灰色沉寂静谧,它们的混搭交错使用,可以为空间创造出更多层次变化。工业风格室内设计色彩搭配如图4.111—图4.114所示。

图4.111 工业风格室内设计色彩搭配(一)

图4.112 工业风格室内设计色彩搭配(二)

图4.113 工业风格室内设计色彩搭配(三)

图4.114 工业风格室内设计色彩搭配(四)

4.6.3 材料选用

工业风格中的材料一般选择工业化的产品和材料,多让室内构件和造型裸露在外,水泥、砖墙、原木、做旧材料等都能创造出独特的趣味和审美。工业风格室内设计材料选用如图4.115—图4.118所示。

图4.115 工业风格室内材料选用(一)

图4.116 工业风格室内材料选用(二)

图4.117 工业风格室内材料选用(三)

图4.118 工业风格室内材料选用(四)

4.6.4 陈设与配饰

工业风格中常见的陈设与配饰是老旧物品,这些充满岁月痕迹的老旧物品是工业风格室内设计的重点装饰物。另外,本身存在的结构构件和金属管道等都是很好的配饰,包括木头、皮件的运用,能为生活空间制造许多复古的韵味。在细节装饰方面,比如水彩画、油画、鹿角、工业模型等的运用可以达到意想不到的效果。工业风格室内设计陈设与配饰如图4.119—图4.122所示。

图 4.119　工业风格室内陈设与配饰(一)

图 4.120　工业风格室内陈设与配饰(二)

图 4.121　工业风格室内陈设与配饰(三)

图 4.122　工业风格室内陈设与配饰(四)

4.6.5　案例赏析

　　工业风格在家装设计中的运用,可谓风格独树一帜。喜爱此种风格的人们,往往热爱生活,善于发现生活中的美,且注重怀旧。从装饰品和家具的搭配上,以及色调的调和方面,都能感受到室内浓浓的文艺味。工业风格室内设计案例如图 4.123—图 4.126 所示。

图 4.123　工业风格室内设计案例(一)　图 4.124　工业风格室内设计案例(二)

图 4.125　工业风格室内设计案例(三)　图 4.126　工业风格室内设计案例(四)

住宅室内设计程序及要求

住宅室内设计的基本程序如下:熟悉建筑原始图,实际测量→与业主沟通,了解初步的设计需求→出概念设计方案→与业主交流→修改并深化设计方案,完成方案设计→与业主沟通,确定方案细节→完成施工图设计→设计交底。

住宅室内设计具体流程如图5.1所示。

5.1　设计准备

设计准备阶段的主要任务是了解业主需求,调研项目基本情况,明确设计方向,确认设计计划和进度安排是否合理,考虑各有关工种的协调与配合是否能够到位,签订服务合同等。

5.1.1　了解业主需求,填写用户需求明细表

了解业主基本情况及需求,包括家庭情况、使用功能要求、工作职业、习惯与爱好、风格要求和资金投入,使用和改进目标,填写用户要求明细表(URS)。用户需求是整个设计的基础,在这个过程中,应仔细了解业主的各方面情况。

①家庭结构:人口数量、年龄、代际构成、性别构成等。

②家庭生活模式:主要家庭成员的职业、性格、社会交往方式、生活习惯等诸多方面,确定其家庭行为模式。以家庭行为模式为基础,分析其对各个空间的需求。

③文化及精神需求:业主的受教育程度、兴趣爱好、色彩偏好、性格特征、经济收入水平等。

④某些特殊情况:如疾病、特殊生活习惯、生育意愿等。

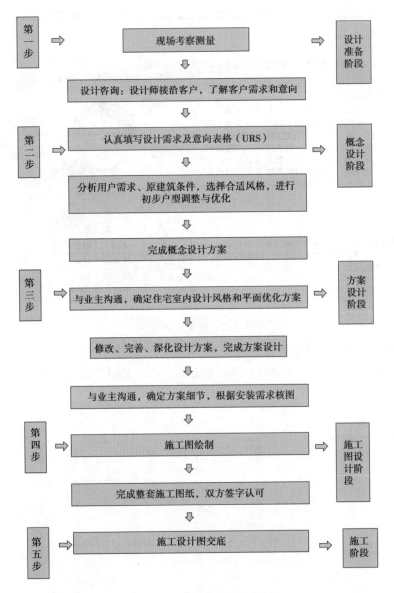

图5.1 住宅室内设计流程图

为了设计方案能够有更好的适应性,在了解当下家庭情况的基础上,还应尽可能了解未来5~10年业主家庭情况可能出现的变化。图5.2所示即为某业主的需求分析案例。

5.1.2 项目现场调研

调研项目,首先要深入了解建筑情况,通过分析原建筑图纸,现场测量,复核原建筑空间尺寸、梁柱等结构位置、给排水点位、地面的标高变化情况等。现场调研中,一定要注意发现对设计有影响的重大不利因素,这些因素处理得好,也许能成为设计的亮点;掌握准确的现场情况对后续设计有很大的影响。

现场调研时,还需要对周围环境因素进行分析,包括日照朝向、景观朝向、环境情况、地域风俗、自然条件、相邻建筑情况等。

项目概况：
· · · · · · · · · · · · · · ·

项目名称：××项目J2-2户型室内精装修设计
户型面积：78 ㎡
户型格局：两室两厅
情景分析：　本项目位于重庆巴南区渝南大道、××社区洋房J组团内，建筑设计为两室两厅一厨一卫，带可改造院馆和储藏室，设计面积为70 ㎡，经改造后，户型面积为78 ㎡，两室两厅一厨一卫双阳台，带有书房，为居家构想出既满足实用功能又满足审美功能的场景。

客户定位：
家庭组成成员　男主人　女主人　女儿

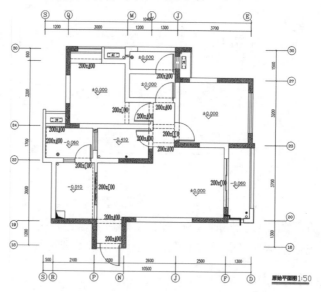

设计功能要求：实用、强调小空调的极致化利用，摆设要求简单、明快，强调都市感。
风格定位：现代风格

成员	职业	社会关系	年龄	爱好
男主人	技术员	事业处于上升期	33	看书
女主人	预算员	交友广泛	30	旅游
女儿	学生	就读于某小学	6	文学

图5.2　需求分析案例

　　现场调研还包括入户水电负荷、可能的空调室外机、锅炉等摆放的位置等。
　　现场调研结束后，整理调查资料，并综合归类、条理化、概括、提炼、说明、图文、分析，并绘制原始平面图、环境分析图等。原始平面图如图5.3所示。

原始平面图：
· · · · · · · · · · · · · · ·

图5.3　调研结果呈现——原始结构图绘制

5.2 概念方案设计

概念方案设计的目标是确定设计目标、户型功能空间、设计风格等。围绕这一目标的设计工作内容是业主的基本需求分析、户型优化设计、设计风格定位、空间序列组织与设计等。

概念方案的成果包括建筑改造平面图、平面布置图、天棚平面图、必要的分析图、设计风格意向图、空间模型等,成果的呈现形式是概念方案设计文本。

本阶段的成果要求能够向业主清晰呈现各个房间的功能平面布局安排、建筑空间组织序列、拟确定的风格方向以及围绕该风格的形式表现手法和色彩表现手法,等等。对于某些重大的安装技术方案,对后续设计往往造成重大影响,比如空调形式、厨房通风、取暖形式、智能家居系统等,也应该在这个阶段提出并确定。

概念方案阶段,为了便于和业主讨论和决策,往往需要做出多方案进行比较。方案反复的工作量也比较大。

设计说明包括设计概念与构思、设计的目标、设计的特点、设计的造型手法、设计的色彩关系,等等。

某住宅样板房室内装饰工程设计,建筑面积约 80 m^2。设计师根据项目的市场定位、客户群体、业主的要求,将本项目定位为现代风格,对原建筑套型进行合理优化后,将新中式、日式的部分元素进行简化与融合,对色彩进行解构与重组,解放空间,将厨房、书房设计成开放式,将盥洗与卫生间分区布置,改善空间关系,原部分建筑墙体拆除,改用书架进行分隔,节约空间。概念方案部分内容如图 5.4—图 5.6 所示。

图 5.4 设计风格确定

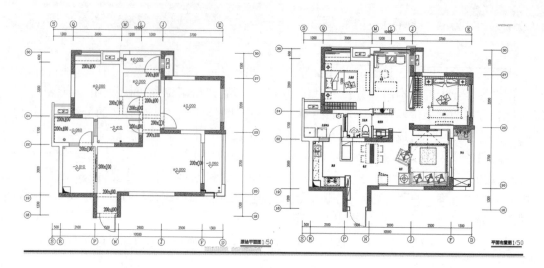

图 5.5　平面改动对比图

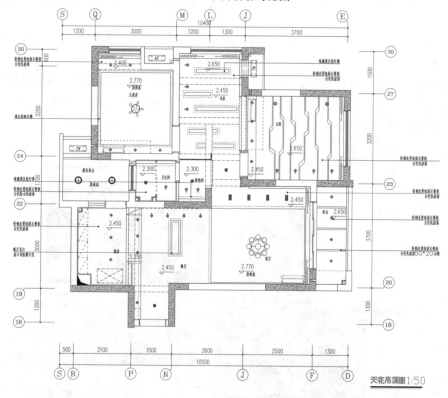

图 5.6　天棚布置图

5.3 方案设计阶段

方案设计阶段是在概念设计的基础上,完善空间布局设计,根据设计风格确定空间界面造型设计、界面材料、固定家具及活动家具设计、空间利用细节、软装陈设等内容。

方案设计阶段的成果,内容包括设计说明、建筑原始平面图、改造平面图、平面布置图、地面铺装图、天棚平面图、主要空间立面图和剖面图、设计模型或动画、效果图、分析图、设计概算,等等。成果形式包括设计方案文本、设计展板等。

方案设计阶段是整个设计工作的核心阶段,是最重要的、决定项目设计最终效果的一个阶段,目标是解决项目设计落地实施的各方面问题,既要解决艺术问题,也要解决技术问题。艺术问题包括空间尺度与变化、界面造型做法、颜色搭配方案、材料的质感与机理等;技术问题包括空调、通风、水、电、智能化、家电设备等的协调,造型的配合或调整方案等内容。

设计概算包括可行性经济计划、总造价估算、投资组合、资金分配比例,是室内设计的重要内容,和技术、艺术、人的需求等因素密不可分,甚至主导着设计趋向。设计概算的内容有编制说明、投资分析、费用、综合。

方案文本部分内容如图 5.7—图 5.16 所示。

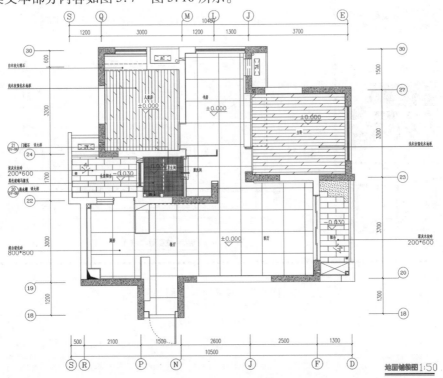

图 5.7　地面铺装图

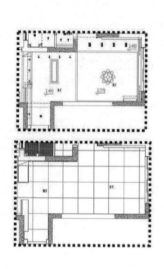

图 5.8　客餐厅天棚和地面

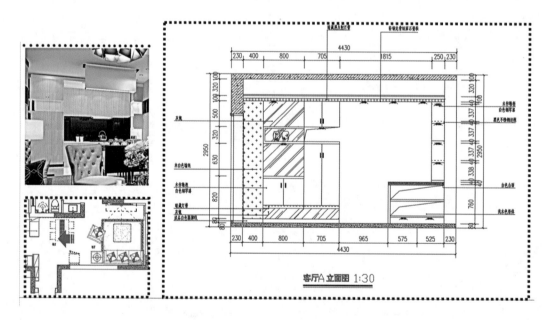

图 5.9　客餐厅 A 立面

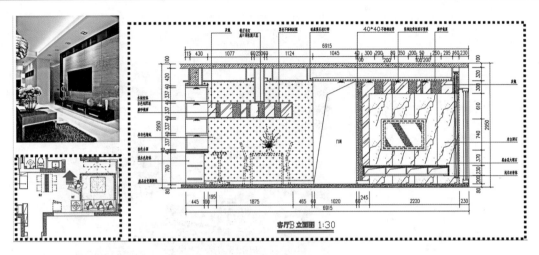

图 5.10　客餐厅 B 立面

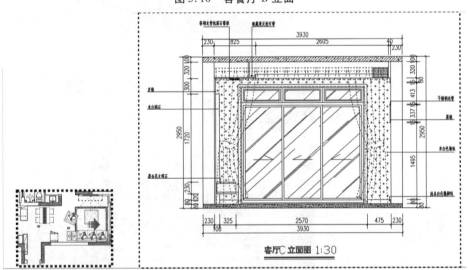

图 5.11　客餐厅 C 立面

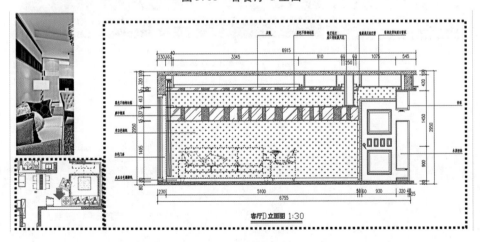

图 5.12　客餐厅 D 立面

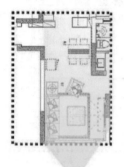

图 5.13 客餐厅整体效果图

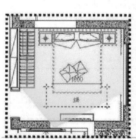

图 5.14 主卧整体效果图

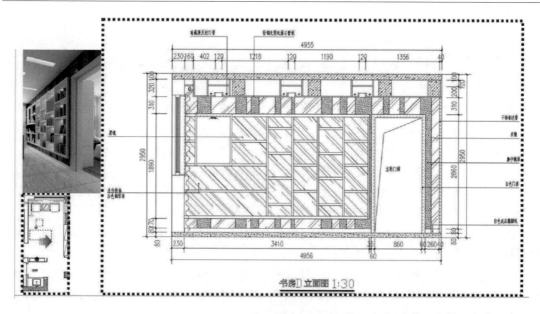

图 5.15   书房 D 立面

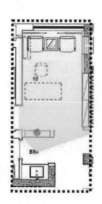

图 5.16   书房整体效果图

5.4　施工图设计阶段

施工图设计阶段是在概念设计的基础上进行深入设计的阶段。施工图一定要完整,以便施工过程中能一目了然。

施工图设计成果一般包括装饰施工图及设备安装施工图。装饰施工图包括设计说明、建筑原始平面图、改造平面图、平面布置图、地面铺装图、新建墙体定位图、天棚造型平面图、天棚灯具定位尺寸图,各个空间立面图、剖面图、详图,各种节点大样图、效果图等。设备安装施工图包括各个设备工种(强电、智能化、给排水、通风等)的专业施工图。

施工图阶段的设计说明应该包括项目情况介绍、工程做法技术要求、工程材料技术要求、饰面材料及设备选型要求、装修门窗表等内容。

施工图的作用是指导现场施工,施工设计图要能够清楚地告诉施工人员怎么做、做多大、做在哪里,解决工艺、尺寸与定位的问题。因此,施工图设计是设计项目落地的重要一环,必须科学、严谨、清晰、准确。

5.4.1　遵守施工图的制图规范

室内设计施工图应根据《房屋建筑制图统一标准》(GB/T 50001—2001)、《建筑制图标准》(GB/T 50104—2001)、《房屋建筑室内装饰装修制图标准》(JGJT 244—2011)等标准与规范的要求进行绘制。

有时需结合实际情况,增加材料索引号、立面索引号等,各种常用的图框图标、文字、图例、符号均制作样图,并组织设计人员学习、熟悉使用各种符号,保证出图纸时图纸符号文字统一。室内装饰制图标准在房屋建筑制图的基础上,也有一些特殊性,主要是在标高标注和索引符号上。

建筑室内装饰装修中,设计空间应标注标高,标高符号可采用直角等腰三角形,也可采用涂黑的三角形或90°对顶角涂黑的圆,在标注顶棚标高时,也可采用 CH 符号表示,如图5.17所示。

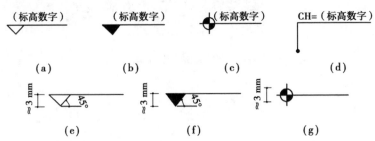

图 5.17　标高标注图例

室内立面索引符号表示室内立面在平面上的位置及立面图所在图纸编号,采用阿拉伯数字或字母为立面编号代表各投视方向,并应以顺时针方向排序。立面索引符号图例如图 5.18所示。

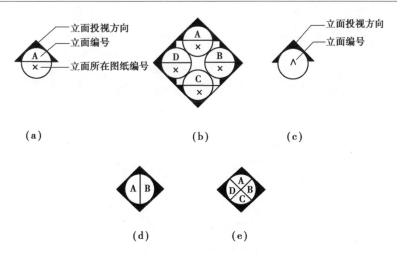

(a)　　　　　　　　　　(b)　　　　　　　　　(c)

(d)　　　　　(e)

图5.18　立面索引符号图例

施工图绘制案例如图5.19所示。

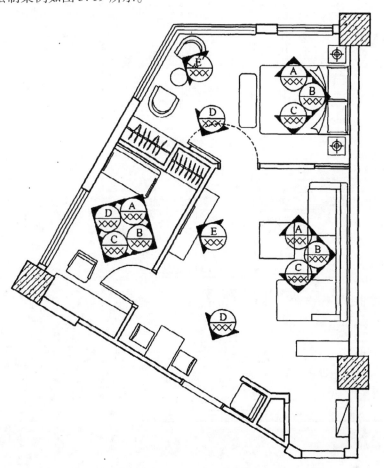

图5.19　施工图绘制案例

绘制施工图时,设备与材料也有惯用的一些表达方式,如表5.1—5.4所示。

表 5.1　常用家具图例

序号	名　称		图　例	备　注
1	沙发	单人沙发		
		双人沙发		
		三人沙发		
2	办公桌			
3	椅	办公椅		1.立面样式根据设计自定； 2.其他家具图例根据设计自定
		休闲椅		
		躺椅		
4	床	单人床		
		双人床		
5	橱柜	衣柜		1.柜体的长度及立面样式根据设计自定； 2.其他家具图例根据设计自定
		低柜		
		高柜		

表 5.2　常用电器图例

序号	名　称	图　例	备　注
1	电视	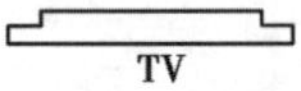 TV	1.立面样式根据设计自定； 2.其他电器图例根据设计自定
2	冰箱	 REF	
3	空调	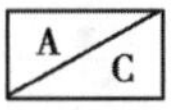 A C	
4	洗衣机	 W M	
5	饮水机	 WD	
6	电脑	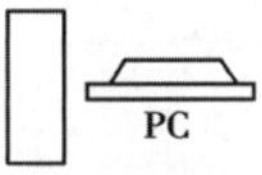 PC	
7	电话	 TEL	

表 5.3　常用灯具图例

序号	名　称	图　例
1	艺术吊灯	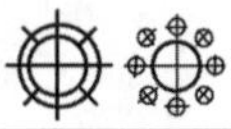
2	吸顶灯	
3	筒　灯	
4	射　灯	
5	轨道射灯	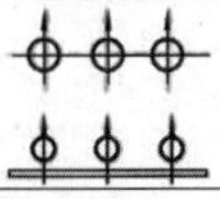
6	格栅射灯	（单头） （双头） （三头）
7	格栅荧光灯	（正方形） （长方形）
8	暗藏灯带	------------
9	壁　灯	
10	台　灯	

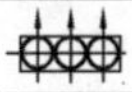

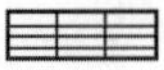

表5.4 常用洁具图例

序号	名 称		图 例	备 注
1	大便器	坐式		
		蹲式		
2	小便器			
3	台盆	立式		1.立面样式根据设计自定; 2.其他洁具图例根据设计自定
		台式		
		挂式		
4	污水池			
5	浴缸	长方形		
		三角形		
		圆形		
6	淋浴房			

5.4.2　材料的熟悉与运用

近年来,科技不断地进步,技术不断地更新,潮流不断地变化,新型材料不断地推出,作为设计师必须了解这些材料的物理特性、经济性、使用的范围、施工的方法,以及如何搭配才能达到最好的效果。要成为一名优秀的施工图设计师必须从这方面着手,提高自己的设计水平。

材料的物理特性,即材料吸水率、膨胀系数、耐火等级、容重,是否为环保材料,材料的耐火等级,等等。了解材料的物理特性,可以对比不同材料的优劣,在工程材料选用上,能给客户提出合理的建议。而国家标准《民用建筑工程室内环境污染控制规范》(GB 50325—2001)、《建筑设计防火规范》(GB 50016—2014)、《建筑内部装修设计防火规范》(GB 50222—2017)等对建筑内各处室内装饰有详细的条文,为材料的选择提供了依据。作为设计师就应该认真学习,以此为工作标准,选择符合规范要求的材料。

装饰材料多种多样,能相互替代的产品很多,而不同材料必定存在或多或少的差价,大量表面处理工艺的进步,能够使用价格相对便宜的材料取代价格昂贵的材料,本着客户利益至上的原则,设计师要对材料的经济性进行充分了解,才能很好地做到在保证装饰效果、使用安全的前提下,选择使用施工工艺简单的材料,有效地控制工程造价。

同时,设计师要对材料的使用范围有很好的认识。熟悉材料如何应用、应用于什么位置,可以有效控制造价,延长成品的使用寿命。例如,大理石运用于室外空间,容易变色,出现锈迹等,而花岗岩则不易发生上述情况。

另外,设计人员要经常深入工地,增加现场施工经验,同时不断了解国内外新的工艺、材料、技术。

材料的熟悉并不是材料的抄袭,而是材料的运用。只有真正做到熟悉工艺、材料,才能使我们的图纸真正成为指导施工的依据。

5.4.3　确定合理的构造做法

构造做法包括确定合理的构造层次、合理的连接方法,以安全、美观、经济、实用为基本原则,实现造型目标,达到设计目的。

5.5　施工阶段的设计服务

施工阶段根据现场的实施情况,有可能还会对施工图进行局部调整和修改,这是正常现象。一方面是修改和完善设计图纸,另一方面是与相关专业人员进行协调,将设计意图和说明以及技术要求进行交底,督促施工人员按照图纸施工,把握好进度;按阶段检查施工质量,以确保按时完工。施工结束之后,组织专业人员进行验收,合格后交房。

施工阶段设计服务首先进行的是设计方案及施工图纸的确认工作,包括设计说明,原始平面图,平面布置图,电路电器图,各部位立面图、剖面详图、效果图等相关内容。接着进入现场进行设计交底工作,现场设计交底是签订家装合同后的第一步,同时也是最为关键的一步。现场交底主要有3部分工作:第一是业主确认工地的哪些项目或者设备需要保留;第二是检查现场存在的问题;第三是其他的常规交底。

现场交底完成后需进行土建改造(敲墙、砌墙)环节,其中造柱、圈梁等要根据原建筑施工图来确定,承重墙、梁、柱、楼板等受力构件不得随意拆除,砖混结构墙面开洞直径不宜大于1 m,同时注意水管的走向,拆除水管接头处应用堵头密封,应把墙内开关、插座、有线电视头、电话线路等有关线盒拆除、放好。紧接着是进行水电铺设(电线、水管铺设,开关插座底盒安装等),"水电改造"属于隐蔽工程,在装修中占有极为重要的地位,其基本原则是"走顶不走地"。水电完成之后泥工进场进行墙面、地砖等的铺设。泥工之后木工进行柜体、吊顶、门窗套等工程。木工之后进行墙面、柜体等的油漆工程。最后进行的是水龙头、洁具、灯具、开关面板等水电安装工程。

5.6　案例实例文件

住宅室内设计的全部成果根据前文分为三个阶段的成果,即概念设计文本、方案设计文本、施工图设计文本。以下提供两个完整的住宅室内设计案例成果,供读者参考。

5.6.1　某国际高尔夫社区高层住宅样板间室内设计

风格:现代风格

J 组团样板间

5.6.2　某国际高尔夫社区叠拼别墅样板间室内设计

风格:地中海风格

某国际高尔夫中心
D6 叠拼别墅样板间

参考文献

[1] 吴昉琪.浅谈住宅室内设计的要素及其内容[D].上海:华东理工大学,2008.

[2] 孟钺.室内设计[M].2版.北京:化学工业出版社,2012.

[3] 孙晓红,等.建筑装饰材料与施工工艺[M].北京:机械工业出版社,2013.

[4] 郭谦,崔英德,方正旗.装饰材料与施工工艺[M].北京:中国水利水电出版社,2012.

[5] 何公霖,杨龙龙,唐海艳.建筑装饰工程材料与构造[M].重庆:重庆大学出版社,2017.

[6] 来增祥,陆震纬.室内设计原理[M].2版.北京:中国建筑工业出版社,2004.

[7] 中华人民共和国住房和城乡建设部.房屋建筑室内装饰装修制图标准:JGJ/T 244—2011 [S].北京:中国建筑工业出版社.2012.